国家示范性（骨干）高职院校建设项目成果
高等职业教育教学改革系列规划教材

C 语言程序设计项目教程
（基于 Keil C）

李建兰　编著

邵建龙　主审

电子工业出版社
Publishing House of Electronics Industry
北京·BEIJING

内 容 简 介

本书以 Keil 软件为编译平台，以 C 语言在工程实践中的具体应用为主线，采用项目驱动形式，将 C 语言语法和编程技巧等知识通过项目任务和工程应用的方式传授给学生，打破了传统的教学方法和教学体系结构，解决了 C 语言程序设计这门课程抽象与枯燥难学的问题。

全书共分 8 个项目：项目 1 认识 C 语言、项目 2 顺序结构程序设计、项目 3 选择结构程序设计、项目 4 循环结构程序设计、项目 5 数组及应用、项目 6 函数及应用、项目 7 指针及应用、项目 8 C 语言综合程序设计。

本书可作为高职高专学校电气、电子、信息类相关专业的教材，也可供 C 语言初学者、电子爱好者和大、中专及职业高中等相关专业师生学习和实践参考。

未经许可，不得以任何方式复制或抄袭本书之部分或全部内容。
版权所有，侵权必究。

图书在版编目（CIP）数据

C 语言程序设计项目教程：基于 Keil C / 李建兰编著. —北京：电子工业出版社，2017.5
ISBN 978-7-121-31526-8

Ⅰ. ①C… Ⅱ. ①李… Ⅲ. ①C 语言－程序设计－高等学校－教材 Ⅳ. ①TP312.8

中国版本图书馆 CIP 数据核字（2017）第 108516 号

策划编辑：王艳萍
责任编辑：王艳萍
印　　刷：北京七彩京通数码快印有限公司
装　　订：北京七彩京通数码快印有限公司
出版发行：电子工业出版社
　　　　　北京市海淀区万寿路 173 信箱　邮编 100036
开　　本：787×1 092　1/16　印张：11.75　字数：300.8 千字
版　　次：2017 年 5 月第 1 版
印　　次：2020 年 8 月第 5 次印刷
定　　价：31.00 元

凡所购买电子工业出版社图书有缺损问题，请向购买书店调换。若书店售缺，请与本社发行部联系，联系及邮购电话：（010）88254888，88258888。
质量投诉请发邮件至 zlts@phei.com.cn，盗版侵权举报请发邮件至 dbqq@phei.com.cn。
本书咨询联系方式：wangyp@phei.com.cn。

前 言

C 语言是一门工具语言，是目前国内外广泛使用的一种计算机高级语言，是现代大学生步入智能化、信息化社会，迈向电子工程师和程序员成功之路的一块敲门砖。

本书根据教育部高等教育人才培养的指导思想，结合高职高专院校学生及计算机高级语言特点，采用项目驱动形式，循序渐进地讲述 C 语言的语法知识、编程技巧和调试方法，适合电气、电子、信息类应用型人才的相关专业的学生学习。

本书以 C 语言在工程中的实际应用为主线，围绕项目任务展开教学，是编者多年来 C 语言课程教学改革的成果与经验总结。书中精选大量具有代表性的项目任务和工程应用实例，使读者既能掌握 C 语言的基本概念、基本知识和调试技能，又能拓宽 C 语言的编程思路和应用领域。突出培养学生运用所学知识和技能解决实际问题的能力，为其后续课程（如"单片机技术"）的学习和职业生涯打下良好的基础。该书具有如下特点。

（1）用 Keil 软件作为开发平台，用仿真实验板作为调试工具，具有独创性，更加突出 C 语言在工程控制中的重要性。

Keil 软件是目前单片机工程应用中广泛使用的集成开发软件，它提供丰富的库函数和功能强大的集成开发调试工具，同时具有灵活多样的仿真功能。在 Keil 软件和仿真实验板上调试和仿真 C 程序能缩短计算机语言与工程实际问题间的距离，更加突出 C 语言在工程控制中的重要性。

（2）以 C 语言在工程实践中的具体应用为主线，采用项目任务驱动法编写。

全书分为 8 个项目，包括 41 个具体任务和 11 个工程应用。每个任务都按照"项目任务—相关知识—任务实现—工程应用—归纳与总结"进行，每个工程应用都围绕"任务描述—编写 C 程序—上机调试与仿真"展开，教学安排符合程序设计类课程教学规律。不是照本宣科地去讲授知识，而是通过上机调试与相关知识相结合的方式，将 C 语言的语法知识、编程技巧与调试方法穿插在各个项目任务中进行传授，融"教、学、做"于一体，这样的教学有趣而生动。各任务完成后使学生知道这些知识具体用在哪、如何用，真正提高了学生动手能力和解决实际问题的能力。

（3）打破传统的 C 语言知识体系结构，强调建立工程控制观点，从工程控制的角度重构课程内容，突出了知识在工程中的实效性。

不在语法和算法上对学生提出过高要求，而是注重编程思路和调试能力，注重如何开展实际应用，如何解决实际问题。内容的重点放在工程实践中的循环控制、位运算、逻辑关系等共性的知识上，将这些知识以不同的形式穿插在多个项目的任务中反复训练，逐步提高学生的编程技能和调试能力。同时增强了知识的融合性和灵活性，更突出了这些知识在工程中的实效性。

（4）在工程项目调试过程中，引入仿真技术，直观、生动、灵活、有趣，增强了学生的求知欲，同时也激发了学生的学习热情。

在工程项目应用中，引入实验仿真板，程序运行结果直观、形象、生动、有趣，使学生懂得 C 语言在工程实践中的应用领域和广阔的发展前景，拓展学生的知识面，激发学生的求知欲和学习热情。

（5）书中所有练习题都是在各个项目任务的基础上进行的进一步的拓展功能，教师容易掌控，学生容易上手。真正达到练习的目的，也以此加深和巩固所学知识。

全书由云南机电职业技术学院李建兰编著，昆明理工大学信息工程与自动化学院邵建龙主审。

为方便教学，本书配有免费的电子教学课件和程序源代码，相关教学资源请登录华信教育资源网（www.hxedu.com.cn）免费注册后下载。希望这本书能对读者学习和掌握 C 语言有所帮助。由于编者水平有限，书中难免有错误和不妥之处，敬请广大读者批评指正。

编 者

目 录

项目 1　认识 C 语言 ·· (1)
　项目任务 ·· (1)
　相关知识 ·· (1)
　　1.1　C 语言的发展 ·· (1)
　　1.2　C 语言的特点 ·· (2)
　　1.3　C 语言的程序结构 ·· (3)
　　　　1.3.1　一个简单的 C 语言程序 ·· (3)
　　　　1.3.2　源程序的另外一种书写形式 ·· (8)
　　　　1.3.3　C 语言的组成部分 ·· (8)
　　1.4　Keil 开发软件 ··· (9)
　　1.5　任务实现 ·· (15)
　　　　任务 1.1：认识第一个 C 程序 ··· (15)
　　　　任务 1.2：用 Keil 软件搭建第一个工程项目 ·· (16)
　归纳与总结 ·· (17)
　练习题 ··· (17)

项目 2　顺序结构程序设计 ·· (18)
　项目任务 ·· (18)
　相关知识 ·· (18)
　　2.1　标识符与关键字 ··· (19)
　　　　2.1.1　标识符 ·· (19)
　　　　2.1.2　关键字 ·· (19)
　　2.2　常量与变量 ··· (21)
　　　　2.2.1　常量 ·· (21)
　　　　2.2.2　变量 ·· (22)
　　2.3　数据类型 ·· (23)
　　　　2.3.1　常见数据类型 ·· (23)
　　　　2.3.2　用 typedef 重新定义数据类型 ··· (25)
　　2.4　运算符与表达式 ··· (25)
　　　　2.4.1　赋值运算符及表达式 ·· (25)
　　　　2.4.2　算术运算符及表达式 ·· (26)
　　　　2.4.3　关系运算符及表达式 ·· (27)
　　　　2.4.4　逻辑运算符及表达式 ·· (28)
　　　　2.4.5　条件运算符 ··· (30)
　　　　2.4.6　位运算符 ·· (30)

		2.4.7 复合赋值运算符	（30）
		2.4.8 逗号运算符	（31）
		2.4.9 求字节数运算符 sizeof	（31）
	2.5	复合语句	（32）
	2.6	数据的输入/输出语句	（32）
		2.6.1 printf()函数及用法	（32）
		2.6.2 scanf()函数及用法	（33）
		2.6.3 putchar()函数及用法	（34）
		2.6.4 getchar()函数及用法	（34）
	2.7	预处理命令	（35）
		2.7.1 宏定义	（35）
		2.7.2 文件包含处理	（35）
		2.7.3 条件编译	（36）
	2.8	任务实现	（37）
		任务 2.1：求两整数之和	（37）
		任务 2.2：给定一个大写字母，用小写字母输出	（39）
		任务 2.3：在电脑屏上输出图案	（40）
	2.9	工程应用——点亮一个发光二极管	（41）
	归纳与总结		（43）
	练习题		（43）
项目 3	选择结构程序设计		（44）
	项目任务		（44）
	相关知识		（44）
	3.1	if 语句及用法	（45）
	3.2	switch 语句及用法	（47）
	3.3	任务实现	（48）
		任务 3.1：比较大小	（48）
		任务 3.2：两个数排序	（49）
		任务 3.3：三个数排序	（50）
		任务 3.4：大、小写字母转换	（51）
		任务 3.5：比较大小并进行算数运算	（52）
		任务 3.6：判断星期并显示	（53）
		任务 3.7：百分制分数转换为成绩等级	（54）
		任务 3.8：输入字符并进行算数运算	（55）
		任务 3.9：闰年判断	（56）
	3.4	工程应用——开关控制发光二极管点亮	（58）
	归纳与总结		（60）
	练习题		（60）

项目 4　循环结构程序设计 (61)
　　项目任务 (61)
　　相关知识 (61)
　　4.1　while 语句及用法 (62)
　　4.2　do-while 语句 (63)
　　4.3　for 语句及用法 (63)
　　4.4　break、continue 语句及用法 (65)
　　4.5　循环的嵌套 (65)
　　4.6　任务实现 (66)
　　　　任务 4.1：用循环语句求和 (66)
　　　　任务 4.2：用循环语句排序 (68)
　　　　任务 4.3：用循环语句进行大、小写字母转换 (69)
　　　　任务 4.4：输出被 5 整除的数 (70)
　　　　任务 4.5：素数判断 (71)
　　　　任务 4.6：用循环语句进行闰年判断 (72)
　　　　任务 4.7：输出矩阵 (73)
　　4.7　工程应用——LED 灯闪烁 (74)
　　归纳与总结 (76)
　　练习题 (76)

项目 5　数组及应用 (77)
　　项目任务 (77)
　　相关知识 (77)
　　5.1　一维数组及应用 (77)
　　5.2　二维数组及应用 (78)
　　5.3　字符数组及应用 (79)
　　5.4　任务实现 (80)
　　　　任务 5.1：冒泡法排序 (80)
　　　　任务 5.2：定义矩阵找最大数 (82)
　　　　任务 5.3：输出字符串 (84)
　　　　任务 5.4：输出菱形图案 (86)
　　5.5　工程应用——霓虹灯控制（1） (88)
　　归纳与总结 (90)
　　练习题 (91)

项目 6　函数及应用 (92)
　　项目任务 (92)
　　相关知识 (93)
　　6.1　函数定义、调用及声明 (93)
　　　　6.1.1　函数分类 (93)
　　　　6.1.2　函数定义 (93)

	6.1.3 函数调用	(95)
	6.1.4 函数声明	(95)
6.2	函数的参数和函数的值	(96)
	6.2.1 形式参数和实际参数	(96)
	6.2.2 函数的返回值	(96)
6.3	函数的嵌套调用	(97)
	6.3.1 函数的嵌套调用	(97)
	6.3.2 数组名作为函数参数	(97)
6.4	局部变量和全局变量	(98)
	6.4.1 局部变量	(98)
	6.4.2 全局变量	(98)
6.5	变量的存储类型	(98)
6.6	任务实现	(100)
	任务 6.1：用函数调用实现信息显示	(100)
	任务 6.2：用函数调用实现比较两数大小	(102)
	任务 6.3：用函数调用实现求两整数和	(103)
	任务 6.4：用函数嵌套调用实现找五个整数中的最大和最小数	(104)
	任务 6.5：用函数调用实现闰年判断	(107)
	任务 6.6：用函数调用实现排序	(108)
	任务 6.7：用函数调用实现求 10 个整数平均值	(110)
	任务 6.8：用函数调用实现素数判断	(111)
	任务 6.9：用函数调用实现输出九九乘法表	(113)
	任务 6.10：输出 1 到 5 的阶乘值	(115)
	任务 6.11：多文件形式实现学生分数等级判断	(116)
6.7	工程应用——霓虹灯控制（2）	(118)
归纳与总结		(120)
练习题		(120)

项目 7 指针及应用 (122)

项目任务		(122)
相关知识		(122)
7.1	指针及指针变量	(122)
7.2	指针运算符	(123)
7.3	变量的访问方式	(124)
7.4	指针运算	(124)
7.5	任务实现	(125)
	任务 7.1：用指针法实现大、小写字母转换	(125)
	任务 7.2：用指针法实现闰年判断	(126)
	任务 7.3：用指针法实现求两个整数中的较大数	(127)
	任务 7.4：用指针法实现两个整数按由小到大的顺序排序	(128)

  任务 7.5：用指针法实现 10 个整数按由小到大的顺序排序 ⋯⋯⋯⋯⋯⋯⋯⋯（129）
 7.6 工程应用——霓虹灯控制（3）⋯⋯⋯⋯⋯⋯⋯⋯⋯⋯⋯⋯⋯⋯⋯⋯⋯⋯⋯（130）
 归纳与总结 ⋯⋯⋯⋯⋯⋯⋯⋯⋯⋯⋯⋯⋯⋯⋯⋯⋯⋯⋯⋯⋯⋯⋯⋯⋯⋯⋯⋯⋯⋯（132）
 练习题 ⋯⋯⋯⋯⋯⋯⋯⋯⋯⋯⋯⋯⋯⋯⋯⋯⋯⋯⋯⋯⋯⋯⋯⋯⋯⋯⋯⋯⋯⋯⋯⋯（132）

项目 8 C 语言综合程序设计 ⋯⋯⋯⋯⋯⋯⋯⋯⋯⋯⋯⋯⋯⋯⋯⋯⋯⋯⋯⋯⋯⋯（133）

 8.1 图形输出速度控制 ⋯⋯⋯⋯⋯⋯⋯⋯⋯⋯⋯⋯⋯⋯⋯⋯⋯⋯⋯⋯⋯⋯⋯⋯（133）
 8.2 模拟汽车转弯灯控制 ⋯⋯⋯⋯⋯⋯⋯⋯⋯⋯⋯⋯⋯⋯⋯⋯⋯⋯⋯⋯⋯⋯⋯（136）
 8.3 一键多功能控制 ⋯⋯⋯⋯⋯⋯⋯⋯⋯⋯⋯⋯⋯⋯⋯⋯⋯⋯⋯⋯⋯⋯⋯⋯⋯（139）
 8.4 模拟交通灯 10 秒倒计时控制 ⋯⋯⋯⋯⋯⋯⋯⋯⋯⋯⋯⋯⋯⋯⋯⋯⋯⋯⋯（142）
 8.5 LED 电子广告牌控制 ⋯⋯⋯⋯⋯⋯⋯⋯⋯⋯⋯⋯⋯⋯⋯⋯⋯⋯⋯⋯⋯⋯⋯（145）
 归纳与总结 ⋯⋯⋯⋯⋯⋯⋯⋯⋯⋯⋯⋯⋯⋯⋯⋯⋯⋯⋯⋯⋯⋯⋯⋯⋯⋯⋯⋯⋯⋯（148）
 练习题 ⋯⋯⋯⋯⋯⋯⋯⋯⋯⋯⋯⋯⋯⋯⋯⋯⋯⋯⋯⋯⋯⋯⋯⋯⋯⋯⋯⋯⋯⋯⋯⋯（148）

附录 A 仿真实验板简介 ⋯⋯⋯⋯⋯⋯⋯⋯⋯⋯⋯⋯⋯⋯⋯⋯⋯⋯⋯⋯⋯⋯⋯⋯（150）
附录 B 多文件 C 程序使用方法 ⋯⋯⋯⋯⋯⋯⋯⋯⋯⋯⋯⋯⋯⋯⋯⋯⋯⋯⋯⋯⋯（155）
附录 C C 库函数 ⋯⋯⋯⋯⋯⋯⋯⋯⋯⋯⋯⋯⋯⋯⋯⋯⋯⋯⋯⋯⋯⋯⋯⋯⋯⋯⋯（159）

 C.1 寄存器库函数 REG×××.H ⋯⋯⋯⋯⋯⋯⋯⋯⋯⋯⋯⋯⋯⋯⋯⋯⋯⋯⋯⋯（159）
 C.2 字符函数 CTYPE.H ⋯⋯⋯⋯⋯⋯⋯⋯⋯⋯⋯⋯⋯⋯⋯⋯⋯⋯⋯⋯⋯⋯⋯（159）
 C.3 一般输入/输出函数 STDIO.H ⋯⋯⋯⋯⋯⋯⋯⋯⋯⋯⋯⋯⋯⋯⋯⋯⋯⋯（161）
 C.4 内部函数 INTRINS.H ⋯⋯⋯⋯⋯⋯⋯⋯⋯⋯⋯⋯⋯⋯⋯⋯⋯⋯⋯⋯⋯（162）
 C.5 标准函数 STDLI8.H ⋯⋯⋯⋯⋯⋯⋯⋯⋯⋯⋯⋯⋯⋯⋯⋯⋯⋯⋯⋯⋯⋯（163）
 C.6 字符串函数 STRING.H ⋯⋯⋯⋯⋯⋯⋯⋯⋯⋯⋯⋯⋯⋯⋯⋯⋯⋯⋯⋯⋯（164）
 C.7 数学函数 MATH.H ⋯⋯⋯⋯⋯⋯⋯⋯⋯⋯⋯⋯⋯⋯⋯⋯⋯⋯⋯⋯⋯⋯⋯（166）
 C.8 绝对地址访问函数 A8SACC.H ⋯⋯⋯⋯⋯⋯⋯⋯⋯⋯⋯⋯⋯⋯⋯⋯⋯⋯（167）

附录 D ASCII 码表 ⋯⋯⋯⋯⋯⋯⋯⋯⋯⋯⋯⋯⋯⋯⋯⋯⋯⋯⋯⋯⋯⋯⋯⋯⋯⋯⋯（169）
附录 E C 语言经典错误 ⋯⋯⋯⋯⋯⋯⋯⋯⋯⋯⋯⋯⋯⋯⋯⋯⋯⋯⋯⋯⋯⋯⋯⋯⋯（170）
参考文献 ⋯⋯⋯⋯⋯⋯⋯⋯⋯⋯⋯⋯⋯⋯⋯⋯⋯⋯⋯⋯⋯⋯⋯⋯⋯⋯⋯⋯⋯⋯⋯⋯⋯⋯⋯（175）

项目 1　认识 C 语言

教学目的
- 了解 C 语言的发展历史及特点；
- 初步认识和掌握 C 语言的程序结构；
- 了解 C 语言程序开发软件；
- 熟练掌握 Keil 软件的使用。

重点和难点
- C 语言的特点；
- C 语言的程序结构；
- Keil 软件的使用；
- 搭建第一个工程项目。

 项目任务

任务 1.1：认识第一个 C 程序
任务 1.2：用 Keil 软件搭建第一个工程项目

 相关知识

要使用 C 语言编程，必须先了解 C 语言，并能熟练掌握 C 语言语法知识和 C 程序调试方法。本书将通过项目任务形式，由浅入深地介绍与 C 语言相关的语法知识和调试方法，使读者能熟练掌握如何用 C 语言编写程序以及如何上机调试 C 程序。

1.1　C 语言的发展

C 语言问世于 20 世纪 70 年代初，1978 年由美国电话电报公司（AT&T）贝尔实验室正式发布。同时由 B.W.Kernighan 和 D.M.Ritchit 合著了著名的《THE C PROGRAMMING LANGUAGE》一书，通常简称为《K&R》，也有人称之为《K&R》标准。但是，在《K&R》中并没有定义一个完整的标准 C 语言，后来由美国国家标准协会（American National Standards Institute）在此基础上制定了一个 C 语言标准，于 1983 年发布，通常称之为 ANSI C。

早期的 C 语言主要用于 UNIX 系统。由于 C 语言的强大功能和各方面的优点逐渐为人们认识，到了 20 世纪 80 年代，C 语言开始进入其他操作系统，并很快在各类大、中、小和微型计算机上得到广泛的使用，成为当代最优秀的程序设计语言之一。

C 语言功能强，使用灵活，编写自由、可移植性好，兼有高级语言和低级语言的优点，既适合编写应用程序，又适合开发系统软件，是国内外广泛流行的计算机高级语言。其实就 C 语言的特点来看，C 语言更适合于解决某些小型程序的编程。C 语言作为传统的面向过程的程序设计语言，在编写底层的设备驱动程序和内嵌应用程序时，往往是更好的选择。因此，C 语言在单片机嵌入式技术领域得到了广泛的应用，现在越来越多的工程技术开发人员使用 C 语言，用于 51 单片机的 C 语言就称为 C51 语言。目前，单片机应用系统开发中广泛使用 C 语言，在大型、复杂的单片机应用系统开发中都通过 C 语言来设计程序。

1.2　C 语言的特点

与其他计算机高级语言相比，C 语言具有它自身的特点。我们可以用 C 语言来编写科学计算或其他应用程序，但 C 语言更适合于编写计算机的操作系统程序以及其他一些需要对机器硬件进行操作的场合，有的大型应用软件也采用 C 语言进行编写。这主要是因为 C 语言具有很好的可移植性和硬件控制能力，表达和运算能力也较强。许多以前只能用汇编语言来解决的问题现在可以改用 C 语言来解决。概括起来说 C 语言具有以下一些特点。

1. 语言简洁、紧凑，使用方便、灵活

C 语言把高级语言的基本结构和语句与低级语言的实用性结合起来，可以像汇编语言一样对位、字节和地址进行操作，而这三者是计算机最基本的工作单元。

C 语言只有 32 个关键字，9 种控制语句，程序书写形式自由，源程序短。

2. 运算符丰富

C 语言的运算符包含的范围很广泛，共有 34 种运算符。C 语言把括号、赋值、强制类型转换等都作为运算符处理，从而使 C 语言的运算类型极其丰富，表达式类型多样化。

3. 数据结构丰富

C 语言具有现代化语言的各种数据结构，包括整型、浮点型、字符型、数组类型、指针类型、结构体类型、共用体类型等，能用来实现各种复杂的数据结构的运算，并引入了指针概念，使程序效率更高。

4. 具有结构化的控制语句，可进行结构化程序设计

C 语言是完全模块化和结构化的语言，具有结构化的控制语句，如 if-else 语句、while 语句、do-while 语句、switch 语句、for 语句等。C 语言用函数作为程序的模块单位，便于实现程序的模块化。

5. 允许直接访问物理地址，对硬件进行操作

C 语言允许直接访问物理地址，能进行位操作，可以直接对硬件进行操作，因此 C 语言具有高级语言的功能和低级语言的许多功能，可用来编写系统软件。这种双重性，使它既是成功的系统描述语言，又是通用的程序设计语言。

6. 生成的目标代码质量高，程序执行效率高

C 语言描述问题比汇编语言迅速，工作量小、可读性好，易于调试、修改和移植，而代码质量与汇编语言相当。

7. 可移植性好，易于实现模块化设计

C 语言在不同机器上的编译程序，大多数代码是公共的，所以 C 语言的编译程序便于移植。在一个环境上用 C 语言编写的程序，不改动或稍加改动，就可移植到另一个完全不同的环境中运行。

8. 语法限制不严格，程序编写自由

一般的高级语言语法检查比较严格，能检查出几乎所有的语法错误。而 C 语言允许程序编写者有较大的自由度，因此放宽了语法检查。如用户编写的用户自定义函数，位置可以放在主调函数的前面，也可以放在主调函数的后面，同时函数与函数间是平行的，互相独立的，可以放在程序的任意位置；又如整型数据与字符型数据以及逻辑型数据可以通用。这些灵活性必然给程序的编写带来极大的方便，使程序的编写自由空间大，且快速高效。

1.3　C 语言的程序结构

1.3.1　一个简单的 C 语言程序

C 语言是一种结构化程序设计语言，程序采用函数结构。

每个 C 语言程序由一个或多个函数组成，在这些函数中至少应包含一个主函数 main()，也可以包含一个 main()函数和若干个其他的功能函数。不管 main()函数放于何处，程序总是从 main()函数开始执行，再到 main()函数结束的。在 main()函数中调用其他函数，其他函数也可以相互调用，但 main()函数只能调用其他的功能函数，而不能被其他的函数所调用。功能函数可以是 C 语言编译器提供的库函数，也可以是由用户编写的自定义函数。

在编写 C 程序时，程序的开始部分一般是预处理命令，接下来是函数说明和变量定义，再往下就是对函数的定义等。一个简单 C 程序的流程结构框图如图 1-1 所示。

图 1-1　C 程序流程结构框图

为了让读者能更好地理解简单的 C 程序，现在对任务 1.1 源程序代码做一些程序说明。

参考程序段 1：

```
/******************************************************
 *@File       chapter 1-1.c
 *@Function   在电脑屏幕上显示一行信息
 ******************************************************/
#include <reg51.h>                    //预处理命令
```

```
#include <stdio.h>
void main( )                                      //定义主函数
{                                                 //函数开始的标志
    SCON=0x52;                                    //串行口初始化,打开显示窗口
    TMOD=0x20;
    TH1=0xf3;
    TR1=1;
    printf("Hello! My name is C program.\n ");    //输出所指定的信息
    while(1);                                     //空循环,程序暂停
}                                                 //函数结束的标志
```

（1）#include <stdio.h>的作用

C 语言本身不提供输入和输出语句,输入和输出操作是由函数来实现的。在 C 语言的标准函数库中提供了一个名为"stdio.h"的头文件,它当中定义了 C 语言中的输入和输出函数,如 printf()函数。当使用输入和输出函数时,需要先用预处理命令将该函数库头文件包含到源文件中。

在代码中加入头文件有两种书写方法,分别为"#include <stdio.h>"和"#include "stdio.h""。

（2）printf()函数的作用

printf()函数称为格式输出函数,其功能是按用户指定的格式,把指定的数据或字符显示输出。该函数是 C 语言提供的标准输出函数,定义在 C 语言的标准函数库（stdio.h）中。

printf()函数的一般形式为

```
printf("格式控制字符串", 输出列表);
```

格式控制字符串可由格式字符串和非格式字符串组成。

格式控制字符串是以"%"开头的字符串,输出列表在格式输出时才用到,它给出了各个输出项,要求与格式字符串在数量和类型上一一对应。相关知识将在后续内容里介绍。

非格式字符串在输出时原样输出,在显示中起提示作用。本例中用到的就是非格式字符串。"\n"是一个转义字符,其作用是换行。

（3）串行口初始化作用

C 语言的一般 I/O 函数库中定义的 I/O 函数都是通过串行接口实现的,串行口的波特率由 MCS-51 单片机中的定时器/计数器 1 溢出率决定。在使用 I/O 函数之前,应先对 MCS-51 单片机的串行接口和定时器/计数器 1 进行初始化。串行口工作于方式 1,定时器/计数器 1 工作于方式 2（8 位自动重载方式）,设系统时钟为 12MHz,波特率为 2400bps,则初始化程序如下:

```
SCON=0x52;
TMOD=0x20;
TH1=0xf3;
TR1=1;
```

有关串行口的详细内容将在后续课程中再做介绍,读者在这里只要会用串行口初始化程序即可,其目的是打开串行口窗口,提供程序输出显示界面。

（4）#include <reg51.h>作用及内容

由于在串行口初始化中用到了 SCON、TMOD 等几个特殊功能寄存器，使用它们时必须事先加以定义。Keil 编译器对这些特殊功能寄存器的定义都是放在一个名为 reg51.h 或 reg52.h 头文件里的，所以程序中需要先用预处理命令 "#include <reg51.h>" 将 51 单片机的特殊功能寄存器定义包含进来，这样使用 51 单片机的特殊功能寄存器才是合法的，否则编译器会报错。

打开 reg51.h 头文件可以看到这样一些内容：

```
/*--------------------------------------------------------------
REG51.H

Header file for generic 80C 语言 and 80C31 microcontroller.
Copyright (c) 1988-2002 Keil Elektronik GmbH and Keil Software, Inc.
All rights reserved.
--------------------------------------------------------------*/

#ifndef __REG51_H__
#define __REG51_H__

/*  BYTE Register  */
sfr P0   = 0x80;
sfr P1   = 0x90;
sfr P2   = 0xA0;
sfr P3   = 0xB0;
sfr PSW  = 0xD0;
sfr ACC  = 0xE0;
sfr B    = 0xF0;
sfr SP   = 0x81;
sfr DPL  = 0x82;
sfr DPH  = 0x83;
sfr PCON = 0x87;
sfr TCON = 0x88;
sfr TMOD = 0x89;
sfr TL0  = 0x8A;
sfr TL1  = 0x8B;
sfr TH0  = 0x8C;
sfr TH1  = 0x8D;
sfr IE   = 0xA8;
sfr IP   = 0xB8;
sfr SCON = 0x98;
sfr SBUF = 0x99;

/*  BIT Register  */
/*  PSW  */
sbit CY  = 0xD7;
sbit AC  = 0xD6;
sbit F0  = 0xD5;
```

```c
sbit RS1  = 0xD4;
sbit RS0  = 0xD3;
sbit OV   = 0xD2;
sbit P    = 0xD0;

/*  TCON  */
sbit TF1  = 0x8F;
sbit TR1  = 0x8E;
sbit TF0  = 0x8D;
sbit TR0  = 0x8C;
sbit IE1  = 0x8B;
sbit IT1  = 0x8A;
sbit IE0  = 0x89;
sbit IT0  = 0x88;

/*  IE  */
sbit EA   = 0xAF;
sbit ES   = 0xAC;
sbit ET1  = 0xAB;
sbit EX1  = 0xAA;
sbit ET0  = 0xA9;
sbit EX0  = 0xA8;

/*  IP  */
sbit PS   = 0xBC;
sbit PT1  = 0xBB;
sbit PX1  = 0xBA;
sbit PT0  = 0xB9;
sbit PX0  = 0xB8;

/*  P3  */
sbit RD   = 0xB7;
sbit WR   = 0xB6;
sbit T1   = 0xB5;
sbit T0   = 0xB4;
sbit INT1 = 0xB3;
sbit INT0 = 0xB2;
sbit TXD  = 0xB1;
sbit RXD  = 0xB0;

/*  SCON  */
sbit SM0  = 0x9F;
sbit SM1  = 0x9E;
sbit SM2  = 0x9D;
sbit REN  = 0x9C;
sbit TB8  = 0x9B;
```

```
    sbit RB8   = 0x9A;
    sbit TI    = 0x99;
    sbit RI    = 0x98;

#endif
```

以上内容涉及 51 单片机的内部结构，现在读者还不熟悉，没有关系。其实这里都是一些符号的定义，即规定符号名与地址的对应关系。

① 特殊功能寄存器定义。

例如：

```
    sfr P1 = 0x90;
```

定义 P1 与地址 0x90 对应，P1 口的地址就是 0x90（0x90 是 C 语言中十六进制数的写法，相当于汇编语言中的 90H）。

从上面的头文件中读者可以看到一个频繁出现的词：sfr。sfr 并不是标准 C 语言的关键字，而是 Keil 软件里为能直接访问单片机中的 SFR 而提供的一个新的关键词，其用法如下：

```
    sfr 变量名=地址值;
```

② 特殊位定义。

例如，符号 P1_0 用来表示 P1.0 引脚。

```
    sbit    P1_0=P1^0;
```

在 C 语言里，如果直接写 P1.0，C 编译器并不能识别，而且 P1.0 也不是一个合法的 C 语言变量名，所以得给它另起一个名字，这里起的名为 P1_0，可是 P1_0 是不是就是 P1.0 呢？C 编译器并不这么认为，所以必须给它们建立联系。这里使用了 Keil C 的关键字 sbit 来定义，sbit 的用法有三种：

```
    第一种方法：sbit 位变量名＝地址值;
    第二种方法：sbit 位变量名＝sfr 名称^变量位地址值;
    第三种方法：sbit 位变量名＝sfr 地址值^变量位地址值;
```

如定义 PSW 中的 OV 可以用以下三种方法：

```
    sbit OV=0xd2;         说明：0xd2 是 OV 的位地址值
    sbit OV=PSW^2;        说明：其中 PSW 必须先用 sfr 定义好
    sbit OV=0xD0^2;       说明：0xD0 就是 PSW 的地址值
```

因此这里用符号 P1_0 来表示 P1.0 引脚，也可以起类似 P10 的名字，只要下面程序中也随之更改就行了。

（5）"while(1);" 的作用

while() 是 C 语言里的循环控制语句，它的具体用法将在项目 5 里介绍，这里讲解为什么要加上这个循环语句。

当程序执行完 printf() 函数后，它还将向下执行，但后面的空间并没有存放程序代码，这时程序会乱运行，也就是说出现了跑飞现象。加上 "while(1);" 语句，是让程序一直停止在这里不再往下运行，即防止程序跑飞。

1.3.2 源程序的另外一种书写形式

C语言采用模块化程序设计,一个模块完成一个特定的功能,即将能实现某一特殊功能的程序段独立成一个模块。程序形式上变了,但实现的功能是相同的。

现在可以把上面的源程序中的串行口初始化部分写成一个独立的子函数,源程序修改成如下形式。在本项目的后面进行上机调试时,读者会看到,其运行显示结果与当初的源程序段是一样的。

```
/*************************************************
 *@File       chapter 1-2.c
 *@Function   在电脑屏幕上显示一行信息
 *************************************************/
#include <reg51.h>                          //预处理命令
#include <stdio.h>
void uart_init()                            //定义串行口初始化函数
{
    SCON = 0x52;
    TMOD = 0x20;
    TH1 = 0xf3;
    TR1 = 1;
}
void main( )                                //定义主函数
{                                           //函数开始的标志
    uart_init();                            //调用串行口初始化函数,打开显示窗口
    printf("Hello! My name is   C program.\n");  //输出所指定的信息
    while(1);                               //空循环,程序暂停
}                                           //函数结束的标志
```

1.3.3 C语言的组成部分

由上述简单的C程序可知,C语言程序由以下几部分组成。

(1)一个源程序文件中可以包括三个部分。

① 预处理命令:总是放在源程序的开头,如#include <stdio.h>、#include <reg51.h>等。

② 函数声明或变量定义:在源程序中用到的所有函数都要事先声明,用到的所有变量都要先进行定义才能使用。

③ 定义函数:一个C程序是由一个或多个函数组成的,必须包含一个main()函数(且只能有一个),程序总是从main()函数开始执行的,每个函数用来实现一个或几个特定的功能。

(2)一个函数由两部分组成。

① 函数的首部:即函数的第一行。包括函数名、函数类型、函数属性、函数参数(形参)名、参数类型。例如:

```
int   max(int x, int y);
```

注意:一个函数名后面必须跟一对括号,即便没有任何参数也是如此。

② 函数体:即函数首部下面的大括号"{}"内的部分。函数体一般包括声明部分和执行部分。

声明或定义部分：在这部分中声明或定义所用到的函数或变量。

执行部分：由若干个语句组成。

（3）C 程序对计算机的操作由 C 语句完成。

C 程序书写格式是比较自由的，一行内可以写几个语句，一个语句可以分写在多行上，每个语句或数据定义的最后必须要有一个分号，分号是 C 语句的必要组成部分，代表语句结束，为清晰起见，习惯上每行只写一个语句。

（4）C 语言允许用两种注释方式，注释是为了增加程序的可读性。

① //：单行注释，只说明一行。

② /*……*/：多行注释，说明多行，又称块注释。

1.4　Keil 开发软件

C 语言经不同的编译器编译后可用于多种 CPU，目前最流行的 C 语言编译器有 GCC、MS C、Turbo C、Microsoft Visual C++和 Keil 软件等。目前在工程上广泛使用 Keil 软件来开发应用程序，本书亦采用 Keil 软件来编译 C 程序。

Keil 软件是美国 Keil Software 公司出品的 51 系列兼容单片机 C 语言软件优秀开发系统，与汇编语言相比，C 语言在功能、结构性、可读性、可维护性上有明显的优势，用过汇编语言后再使用 C 来开发，体会更加深刻。它集编辑、编译、仿真于一体，支持汇编、PLM 语言和 C 语言的程序设计，界面友好，易学易用。

Keil 软件提供丰富的库函数和功能强大的集成开发调试工具，全 Windows 界面。另外，Keil 开发平台下生成的目标代码效率非常高，多数语句生成的汇编代码很紧凑，容易理解，在开发大型软件时更能体现高级语言的优势。

读者可以从网站（www.keil.com）上下载到该软件的安装包，其下载地址：http://www.keil.com/download/product。本书使用 Keil C 语言，以及 Keil 软件的可执行文件（文件名为"C 语言 v903"）。

1. 软件安装

（1）执行 Keil μVision 4 安装程序，选择"Eval Version"版进行安装。

（2）在后续出现的窗口中全部选择"Next"按钮，将程序默认安装在 C: \Program Files\Keil 文件夹中。

（3）将光盘"头文件"文件夹中的文件复制到 C:\Program Files\Keil\C 语言\INC 文件夹里。

Keil μVision IDE 软件安装到计算机上的同时，会在计算机桌面建立一个快捷方式。安装其他版本软件与此类似。

2. 软件使用

（1）新建工程（新建项目文件）

双击 Keil μVision IDE 的图标，启动 Keil μVision IDE 集成环境程序，进入 Keil μVision IDE 4 的主界面，如图 1-2 所示。

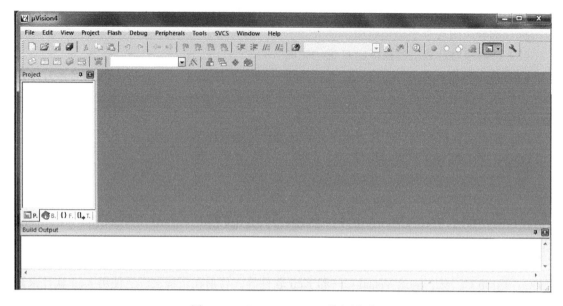

图 1-2　Keil μVision IDE 4 的主界面

在 Keil μVision IDE 4 主界面的顶部是 Keil μVision IDE 4 的主菜单栏，其中包含 11 个菜单选项：File（文件）、Edit（编辑）、View（查看）、Project（项目）、Flash（快闪）、Debug（调试）、Peripherals（外围接口）、Tools（工具）、SVCS（交换虚拟）、Window（窗口）、Help（帮助）。

主界面的左侧是项目工作区窗口，右侧是程序编辑窗口。项目工作区窗口用来显示所设定的工作区的信息，程序编辑窗口用来输入和编辑源程序。

单击"Project"→" New μVision Project"选项，如图 1-3 所示，出现"Create New Project"的对话框，如图 1-4 所示，在文件名处输入所建工程名称，选择需要保存路径，然后单击"保存"按钮。

图 1-3　建立工程

工程保存之后，出现如图 1-5 所示对话框，在其中选择生产厂家及 CPU 型号。

本书所使用的是 Atmel 公司的 AT89C51，在列表中找到此款芯片，然后单击"OK"按钮，会弹出如图 1-6 所示对话框，询问是否要加载 8051 启动代码，对于初学者选择"否"。

至此，一个目标工程（项目文件）就建好了，如图 1-7 所示。

图 1-4 保存工程

图 1-5 CPU 选择

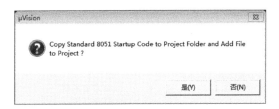

图 1-6 是否加载 8051 启动代码提示窗口

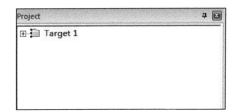

图 1-7 目标工程窗口

（2）输入和编辑源程序

单击"File"→"New"选项，新建一个空白文本文档，单击"File"→"Save"选项，保存所建文本于项目文件夹中。

保存文件的格式：文件名.扩展名（即后缀），如果是C语言编写的程序则扩展名为C，即"文件名.C"；若是汇编语言编写的程序则扩展名为ASM，即"文件名.ASM"。

本书用C语言编写程序，以1-1为文件名，如图1-8所示。接下来就可以在新建文本中录入事先编写好的程序，如图1-9所示。

图1-8　保存源文件

图1-9　源程序录入

(3) 添加文件至工程项目

单击"Target 1"前的"+"号,出现下一层"Source Group 1",右击"Source Group 1"出现下拉菜单如图 1-10 所示,选择"Add Files to Group "Source Group 1",出现图 1-11 所示对话框,选择刚才保存的文件,双击确认,即可将源程序加入到工程项目中,如还需加入程序则继续添加,若不需要添加,则关闭对话框即可。

图 1-10 添加源程序

图 1-11 加入程序对话框

(4) 程序编译与连接

接下来的工作就是编译程序,将 C 语言程序编译为 CPU 所能识别的机器代码。Keil 软件使用的编译快捷图标如图 1-12 所示。

图 1-12 Keil 软件编译快捷图标

单击"Project"→"Build target",则进行程序编译。如果有程序出错,则在主界面下方的"Build Output"窗口区域会有报错信息提示。

双击错误提示,则可以定位到程序的错误行或者错误行的上一行,然后可以对程序进行修改,之后重新编译,直到"Build Output"窗口出现"0 Error(s), 0 Warning(s)"信息,如图 1-13 所示。至此,一个源程序的编译与连接工作就完成了。

图 1-13 Build Output

(5) 程序的调试与运行

在程序编译与连接成功后,接下来进入程序的调试与运行状态。Keil 软件运行程序非常方便灵活,可以用连续执行键"Run",也可以用单步执行键"Step"等。Keil 软件使用的运行快捷图标如图 1-14 所示。

图 1-14 Keil 软件运行快捷图标

单击"Debug"→"Start/Stop Debug Session"或者"Start/Stop Debug Session"的快捷图标,进入程序调试状态,如图 1-15 所示。

图 1-15 进入调试

然后单击串行口窗口"Serial Windows",打开串行口窗口,再单击"Debug"→"Run"或"Run"的快捷图标,在打开的"UART #1"串行口窗口里就可以看到对应程序的运行结果,如图 1-16 所示。

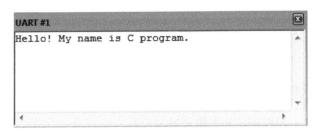

图 1-16 程序运行结果

(6) 使用 Keil 软件注意事项

① 在新建项目保存工程时,输入的工程名后不要加后缀。

② 保存源程序文件时,输入文件名后一定要加后缀,即"文件名.C"(C 语言程序)或"文件名.ASM"(汇编语言程序)。

③ 输入源程序时,务必将输入法切换成英文半角状态,输入的标点符号才正确。

④ 输入串行口初始化函数时,所有特殊功能寄存器一律用大写字母,如 SCON、TMOD、TR1、TH1 都要用大写字母,但要注意,TR、TH 后面跟的是数字 1 而不是字母 I 或 l。

⑤ 输入十六进制数时第一个字符是数值 0,而不是字母 O。

1.5 任务实现

通过上面的学习,读者已经认识了一个简单的 C 程序,初步了解了 C 语言的程序结构和 Keil 软件的使用。现在使用 Keil 软件完成本项目任务。

任务 1.1:认识第一个 C 程序

要求:在电脑屏幕上输出一行信息。

```
Hello! My name is C program.
```

参考程序段 2:

```
/*****************************************************************
       *@File        chapter 1-2.c
       *@Function    在电脑屏幕上显示一行信息
******************************************************************/
#include <reg51.h>                    //预处理命令
#include <stdio.h>
void uart_init()                      //定义串行口初始化函数
{
    SCON = 0x52;
    TMOD = 0x20;
    TH1 = 0xf3;
    TR1 = 1;
```

```
    }
void main( )                           //定义主函数
{                                      //函数开始的标志
    uart_init();                       //调用串行口初始化函数,打开显示窗口
    printf("Hello! My name is C program.\n ");//输出所指定的信息
    while(1);                          //空循环,程序暂停
    }                                  //函数结束的标志
```

任务 1.2：用 Keil 软件搭建第一个工程项目

要求：完成任务 1.1 源程序,并上机调试与运行。

1. 上机调试与运行步骤

（1）建立工程项目；
（2）输入源程序并保存；
（3）添加源程序至工程项目下；
（4）编译连接程序；
（5）采用单步（Step）或连续（Run）方式运行程序；
（6）打开串行口窗口,观察程序运行结果。

2. 上机调试与运行结果

打开 Keil 软件,按上机调试与运行步骤分别调试运行参考程序段 1 和参考程序段 2,其运行显示结果如图 1-17 和图 1-18 所示。

图 1-17　程序调试显示窗口 1

项目1 认识C语言

图1-18 程序调试显示窗口2

C语言是目前应用最广泛的计算机高级语言之一，用C语言既能编写系统软件，又能编写应用软件。C语言采用结构化模块程序设计，编程灵活、自由度大，可移植性好。一个C程序是由一个或多个函数组成的，其中必须包含一个main()函数，程序总是从main()函数开始执行的，而不论main()函数在整个程序中的哪个位置。从输入到运行一个C程序，一般要经历编辑、编译、连接和调试运行四个步骤。本书选用的开发软件是Keil编译系统，它能提供丰富的库函数和功能强大的集成开发调试工具，同时又具有仿真功能，特别适合工程应用。

请在电脑屏幕上输出以下信息。

```
*****************************
     Hello    Everyone!
My   name  is  ×××(你的名字).
*****************************
```

项目 2　顺序结构程序设计

教学目的
- 了解 C 语言顺序结构特点；
- 了解标识符、关键字；
- 掌握常量、变量的定义及使用；
- 掌握 C 语言数据类型、运算符及表达式；
- 掌握 C 语言中数据的输入/输出；
- 掌握 C 语言赋值语句及用法；
- 掌握预处理命令及用法。

重点与难点
- C 语言的基本数据类型；
- 变量的定义及使用；
- C 语言逻辑量、逻辑运算符与逻辑表达式；
- C 语言位运算符；
- C 语言赋值语句及用法；
- C 语言输入/输出函数及用法；
- 预处理命令及用法。

项目任务

任务 2.1：求两整数之和
任务 2.2：给定一个大写字母，用小写字母输出
任务 2.3：在电脑屏幕上输出图案

相关知识

　　C 语言是一种结构化程序设计语言，程序由若干模块组成，每个模块包含若干基本结构，每个基本结构中可以有若干语句。C 语言有三种基本结构：顺序结构、选择结构和循环结构。本项目只介绍顺序结构，选择结构和循环结构将在后续项目内容中介绍。

　　顺序结构是最基本、最简单的结构，在这种结构中，程序从上往下依次顺序执行，顺序结构流程图如图 2-1 所示。

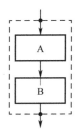

图 2-1 顺序结构流程图

程序先执行 A 操作,然后再执行 B 操作。A、B 中的内容都与 C 语言语法知识有关,因此,在进行顺序结构程序设计之前,读者需要先了解 C 语言的一些基本语法知识。

2.1 标识符与关键字

2.1.1 标识符

标识符是用来标识源程序中某个对象的名字的,这些对象包括常量、变量、数据类型、语句标号、数组名以及用户自定义函数的名称等。简单地说,标识符就是一个对象的名字。

C 语言规定标识符只能由字母、数字和下画线组成,并且第一个字符必须是字母或下画线。

2.1.2 关键字

关键字是编程语言保留的特殊标识符,具有固定名称和特定含义。ANSI C 标准一共规定了 32 个关键字。下面按用途列出 ANSI C 标准的 32 个关键字,如表 2-1 所示。

表 2-1 ANSI C 标准的关键字

关 键 字	用 途	说 明
auto	存储种类说明	用以说明局部变量,默认值为此
static	存储种类说明	静态变量
register	存储种类说明	使用 CPU 内部寄存器的变量
const	存储种类说明	在程序执行过程中不可修改的变量值
extern	存储种类说明	在其他程序模块中说明了的全局变量
char	数据类型说明	字符型或单字节整型数
int	数据类型说明	基本整型数
float	数据类型说明	单精度浮点数
double	数据类型说明	双精度浮点数
short	数据类型说明	短整型数
long	数据类型说明	长整型数
signed	数据类型说明	有符号数
unsigned	数据类型说明	无符号数
void	数据类型说明	空值或无类型数

续表

关　键　字	用　　途	说　　明
volatile	数据类型说明	说明该变量在程序执行中可被隐含地改变
struct	数据类型说明	结构类型数据
union	数据类型说明	联合类型数据
enum	数据类型说明	枚举类型数据
typedef	数据类型说明	重新进行数据类型定义
if	程序控制语句	构成 if-else 选择结构
else	程序控制语句	构成 if-else 选择结构
switch	程序控制语句	构成 switch-case 选择结构
case	程序控制语句	构成 switch-case 选择结构
default	程序控制语句	switch 语句中失败选择项
while	程序控制语句	构成 while 和 do-while 循环结构
do	程序控制语句	构成 do-while 循环结构
for	程序控制语句	构成 for 循环结构
break	程序控制语句	打断、中止，退出最内层循环体
continue	程序控制语句	继续、转向下一次循环
goto	程序控制语句	构成 goto 转移结构
return	程序控制语句	函数返回
sizeof	运算符	计算表达式或数据类型字节数

注意：在编写程序时，不允许把关键字作为标识符。如 char、int、break、return 等是关键字，不能作为标识符来定义变量、数组或函数等。

另外需要说明一下，C51 编译器除了支持 ANSI C 标准的关键字以外，还扩展了如表 2-2 所示的关键字。

表 2-2　C51 编译器的扩展关键字

关　键　字	用　　途	说　　明
bit	位变量声明	声明一个位变量或位类型的函数（1 位）
sbit	特殊位变量声明	声明一个可位寻址的特殊位变量（1 位）
sfr	特殊功能寄存器声明	声明一个特殊功能寄存器（8 位）
sfr16	特殊功能寄存器声明	声明一个 16 位特殊功能寄存器（16 位）
data	存储器类型说明	直接寻址的 8051 内部数据存储器
bdata	存储器类型说明	可位寻址的 8051 内部数据存储器
idata	存储器类型说明	间接寻址的 8051 内部数据存储器
pdata	存储器类型说明	"分页"寻址的 8051 外部数据存储器
xdata	存储器类型说明	8051 外部数据存储器
code	存储器类型说明	8051 程序存储器
interrupt	中断函数声明	定义一个中断函数
reentrant	再入函数声明	定义一个再入函数
using	寄存器组定义	定义 8051 的工作寄存器组

2.2 常量与变量

2.2.1 常量

在程序运行过程中，其值保持不变的量称为常量。常量可以为任意数据类型，程序中一般用大写的标识符代表一个常量。如：

#define PRICE 10 //用标识符 PRICE 代表一个常量 10

常用的常量有以下几类。

（1）整型常量：不带小数点的数值是整型常量。可以表示为十进制数，如 10，234，0，-135 等。也可以表示为十六进制数，十六进制数则以 0x 开头，如 0x57，0xfb 等。

（2）实型常量：凡以小数形式或指数形式出现的实数是实型常量，分为十进制数和指数表示形式。十进制数形式如 0.2，-4.68，0.01 等。指数形式如 5.34e3（代表 5.34×10^3）。

（3）字符型常量：字符型常量是用单引号引起来的字符，如'a'、'1'、'F'等。可以是可显示的 ASCII 字符，也可以是不可显示的控制字符。对不可显示的控制字符须在前面加上反斜杠"\"组成转义字符，利用它可以完成一些特殊功能和输出时的格式控制。

常用的转义字符如表 2-3 所示。

表 2-3 转义字符

转义字符	含 义	ASCII 码（十六进制数）
\0	空字符（null）	00H
\n	换行符（LF）	0AH
\r	回车符（CR）	0DH
\t	水平制表符（HT）	09H
\b	退格符（BS）	08H
\f	换页符（FAC）	0CH
\'	单引号	27H
\"	双引号	22H
\\	反斜杠	5CH

（4）字符串型常量：字符串型常量是由双引号" "括起来的字符组成。例如："D"、"hello"、"ABCD"等。可以用如下的方法输出一个字符串：

printf("China");

（5）符号常量：用一个符号名代表一个常量称为符号常量。

例如：

#define PI 3.1416   //注意行末没有分号

用 PI 代表常量 3.1416，凡此后在文件中出现 PI 的地方都代表其值是 3.1416。

2.2.2 变量

在程序运行过程中,其值可以改变的量称为变量。

变量代表内存中具有特定属性的一个存储单元,它用来存放数据,也就是变量的值。在程序运行过程中,这些值是可以改变的。一个变量主要由变量名和变量值两部分组成。每一个变量都有一个变量名,在存储器中占据称为地址的一定的存储单元,在该存储单元中存放变量值。

C 语言规定,在程序中用到的变量必须"先定义,后使用",因此在 C 程序中出现的所有变量都必须先定义以后才能使用,否则编译系统会报错。

1. 定义变量

定义变量的一般形式:

> [存储种类] 数据类型 [存储器类型] 变量名表;

在定义格式中除了数据类型和变量名表是必要的,其他都是可选项。例如:

> int a,b,c;

表示定义了三个变量均为整型变量(int),变量名分别为 a、b、c。

2. 各选项说明

(1) 存储种类

C 语言中的存储种类总共有四种:自动(auto),外部(extern),静态(static)和寄存器(register)。如果在定义变量时缺省存储种类,则变量的存储类型默认为自动(auto)。

(2) 存储器类型

存储器类型用于指明变量所处的单片机的存储器区域情况。存储器类型与存储种类完全不同。C51 编译器能识别的存储器类型如表 2-4 所示。

表 2-4 C51 编译器中的存储器类型

存储器类型	描 述
data	直接寻址的片内 RAM 低 128B,访问速度快
bdata	片内 RAM 的可位寻址区(20H~2FH),允许字节和位混合访问
idata	间接寻址访问的片内 RAM,允许访问全部片内 RAM
pdata	用 Ri 间接访问的片外 RAM 的低 256B
xdata	用 DPTR 间接访问的片外 RAM,允许访问全部 64KB 片外 RAM
code	程序存储器 ROM 64KB 空间

(3) 数据类型

数据类型将在下面一节中详细介绍。

2.3 数 据 类 型

C 语言提供的数据类型非常丰富，如图 2-2 所示，由这些数据类型可以构造出不同的数据结构。本节主要介绍基本数据类型。

图 2-2 C 语言数据类型

2.3.1 常见数据类型

C 语言中常用的数据类型如表 2-5 所示。另外，C51 编译器还专门提供针对 MCS-51 单片机的特殊功能寄存器型和位类型，如表 2-5 中带"√"部分。表中变量值在存储单元中都是以补码形式存储的，存储单元中的第 1 个二进制位代表符号位（"0"为正，"1"为负）。

表 2-5 C 语言常用数据类型

基本数据类型		长度	取值范围
char（字符型）	unsigned char	1 字节	0～255
	signed char	1 字节	-128～+127
int（整型）	unsigned int	2 字节	0～65535
	signed int	2 字节	-32768～+32767
	unsigned short	2 字节	0～65535
	signed short	2 字节	-32768～+32767
	unsigned long	4 字节	0～4294967295
	signed long	4 字节	-2147483648～+2147483647
float（浮点型）		4 字节	±1.175494E-38～±3.402823E+38
*（指针型）		1～3 字节	对象的地址
bit（位）		1 位	0 或 1
√sbit（特殊位）		1 位	0 或 1
√sfr（8 位特殊功能寄存器）		1 字节	0～255
√sfr16（16 位特殊功能寄存器）		2 字节	0～65535

注意：当定义一个变量为特定的数据类型时，在程序中使用该变量，不应使它的值超过该数据类型的取值范围，否则会产生数据溢出现象。

1. char 字符类型

unsigned char：无符号字符型变量声明。

signed char：有符号字符型变量声明。

char 类型字符的长度是一个字节，通常用于定义处理字符数据的变量或常量，分为无符号字符类型 unsignedchar 和有符号字符类型 signed char，默认为 signed char 类型。

unsigned char 类型用字节中所有的位来表示数值，可以表达的数值范围是 0～255。

signed char 类型用字节中最高位字节表示数据的符号，"0"表示正数，"1"表示负数，负数用补码表示。其能表示的数值范围是-128～+127。

unsigned char 常用于处理 ASCII 码字符或用于处理小于或等于 255 的整型数。

由于字符是按其代码（整数）形式存储的，通常在编程时可以把字符型数据作为整数类型的一种来处理。

2. int 整型

unsigned int：无符号整型变量声明。

signed int：有符号整型变量声明。

unsigned long：无符号长整型变量声明。

signed long：有符号长整型变量声明。

int 整型长度为两个字节，用于存放一个双字节数据，分为有符号整型数 signed int 和无符号整型数 unsigned int，默认为 signed int 类型。

signed int 表示的数值范围是-32768～+32767，字节中最高位表示数据的符号，"0"表示正数，"1"表示负数。

unsigned int 表示的数值范围是 0～65535。

long 长整型长度为 4 个字节，用于存放一个 4 字节数据，分为有符号长整型 signed long 和无符号长整型 unsigned long，默认为 signed long 类型。

signed int 表示的数值范围是-2147483648～+2147483647,字节中最高位表示数据的符号，"0"表示正数，"1"表示负数。

unsigned long 表示的数值范围是 0～4294967295。

3. float 实（浮点）型

float：实型变量声明。

float 浮点型在十进制中具有 7 位有效数字，是符合 IEEE-754 标准的单精度浮点型数据，占用 4 个字节。因浮点数的结构较复杂，在以后内容中遇到再做讨论。

4. 指针类型

指针型本身就是一个变量，在这个变量中存放的是指向另一个变量的地址。这个指针变量要占据一定的内存单元，对不同的处理器长度也不尽相同。在 C 语言中它的长度一般为 1～3 个字节。

5. 位类型

bit：位变量声明。当定义一个位变量时可以使用此符号。
sbit：特殊功能位声明。声明某个特殊功能寄存器中的某一位。
sfr：特殊功能寄存器的数据声明。声明一个8位的特殊功能寄存器。
sfr16：特殊功能寄存器的数据声明。声明一个16位的特殊功能寄存器。

2.3.2 用 typedef 重新定义数据类型

在 C 语言程序中，除了可以采用上面所介绍的数据类型之外，用户还可以根据自己的要求对数据类型重新定义。重新定义时需用到关键字 typedef。定义方法如下：

```
typedef  已有的数据类型   新的数据类型名；
```

关键字 typedef 的作用，只是将 C 语言中已有的数据类型做了置换，因此可用置换后的新的数据类型名来进行变量的定义。例如：

```
typedef int word;        //定义 word 为新的整型数据类型名
word i,j;                //将 i、j 定义为整型变量
```

注意：typedef 定义的新数据类型一般用大写字母表示，以便与 C 语言中原有的数据类型相区别；另外还要注意，用 typedef 可以定义各种新的数据类型名，但不能直接用来定义变量。typedef 只是对已有的数据类型做了一个名字上的置换。

2.4 运算符与表达式

完成某种特定运算的符号就是运算符。C 语言中的运算符有多种类型，包括赋值运算符、算术运算符、关系运算符、逻辑运算符和条件运算符等。

由运算及运算对象所组成的具有特定含义的式子就是表达式。表达式后面加";"号就构成了一个表达式语句。

C 语言的运算符不仅具有不同的优先级，而且还有不同的结合性。在表达式中，各运算量参与运算的先后顺序，不仅要遵守运算符优先级别的规定，还要受运算符结合性的制约，以便确定是自左向右进行运算还是自右向左进行运算。这种结合性是其他高级语言的运算符所没有的，因此也增加了 C 语言的复杂性。

下面介绍 C 语言常用运算符及表达式。

2.4.1 赋值运算符及表达式

1. 赋值运算符

"="这个符号读者不陌生，在 C 语言中它的功能是给变量赋值，称为赋值运算符。

2. 赋值表达式

利用赋值运算符将一个变量与一个表达式连接起来的式子称为赋值表达式。

3. 赋值语句

在表达式后面加";"便构成了赋值语句。使用"="的赋值语句格式如下:

    变量 = 表达式;

例如:

    (1) a = 0xfac;   //将十六进制数 fac 赋给变量a
    (2) b = c = 24;   //同时赋值给变量b、c
    (3) d = e;   //将变量e 的值赋给变量d
    (4) f = m+n;   //将变量m+n 的值赋给变量f

由上面的例子可以知道,赋值语句的意义就是先计算出"="右边的表达式的值,然后将得到的值赋给左边的变量。而且右边的表达式可以是一个赋值表达式。

注意: 在C语言中,"="符号是用来进行赋值的,而"=="符号是用来进行相等关系运算的。

4. 变量初始化

变量初始化即对变量赋初值。可以用赋值语句对变量赋值,也可以在定义变量时对变量赋初值。用后面这种方法会使程序更简练,例如:

    int   a=5;   //定义a为整型变量,同时赋值5
    float f=5.9;   //定义f为浮点型变量,同时赋值5.9

也可以给被定义的变量的一部分赋初值。例如:

    float   a=15.3, b=74.9, sum; //定义a、b、sum为浮点型变量,同时对a、b赋值15.3、74.9

如果对几个变量赋予同一个初值,应写成:

    int a=15,b=15,c=15;

表示a、b、c的初值都是5,不能写成:

    int a=b=c=15;

2.4.2 算术运算符及表达式

1. 算术、增减量运算符及优先级

C语言中的算术运算符如表2-6所示。

表2-6 算术运算符

算术运算符	含 义	结 合 性
+	加法	自左向右
−	减法	
*	乘法	
/	除法	
%	求余运算	

续表

算术运算符	含 义	结 合 性
++	自加	自右向左
--	自减	

加、减、乘运算相对比较简单，而对于除运算，如相除的两个数为浮点数，则运算的结果也为浮点数；如相除的两个数为整数，则运算的结果也为整数，即为整除。例如：

```
25.0/20.0    //结果为 1.25
25/20        //结果为 1
```

对于取余运算，则要求参加运算的两个数必须为整数，运算结果为它们的余数。例如：

```
x=5%3;       //结果 x 的值为 2
```

自加（++）和自减（--）运算符的作用是使变量的值加 1 或减 1。这两个运算符是 C 语言中所特有的，使用非常方便。但要注意变量在符号前或后，其含义是不同的。

```
i++,i--      //在使用 i 之后，再使 i 的值加（减）1
++i,--i      //在使用 i 之前，使 i 的值先加（减）1
```

例如：若 i 的值原来为 1，则

```
k=i++;       //先将 i 的值 1 赋给 k，k 的值为 1，然后 i 的值加 1 变为 2
k=++i;       //i 的值先加 1 变成 2，然后再赋给 k，k 的值也为 2
```

自加和自减运算符常用于循环语句中，使循环变量自动加 1 或减 1；也可用于指针变量，使指针指向下一个地址，这些将在后续的内容中介绍。

2. 算术表达式

用算术运算符和括号将运算对象（也称操作数）连接起来的、符合 C 语法规则的式子，称为算术表达式。其运算对象包括常量、变量、函数等。算术运算符的结合方向一般是自左向右。例如：

```
a-b+c        //先执行 a 减 b 的操作，再执行加 c 的运算
```

2.4.3 关系运算符及表达式

1. 关系运算符及优先级

C 语言中的关系运算符如表 2-7 所示。

表 2-7 关系运算符

关系运算符	含 义	优 先 级	结 合 性
>	大于	相同（高）	自左向右
>=	大于等于		
<	小于		
<=	小于等于		

续表

关系运算符	含 义	优 先 级	结 合 性
==	等于	相同（低）	自左向右
!=	不等于		

2. 关系表达式

关系运算用于比较两个数的大小，用关系运算符将两个表达式连接起来形成的式子称为关系表达式。关系表达式通常用来作为判别条件构成选择或循环程序。关系表达式的一般形式如下：

表达式1 关系运算符 表达式2

关系运算的结果为逻辑量，关系成立为真（1），关系不成立为假（0）。例如：

```
5>3         //结果为真（1）
10==100     //结果为假（0）
```

注意：关系运算符等于"＝＝"是由两个"＝"组成的。关系运算符的运算结果只有0和1两种，也就是逻辑的真（1）与假（0）。

2.4.4 逻辑运算符及表达式

由于关系运算符的运算结果只有0和1两种，也就是逻辑的真与假，换句话说也就是逻辑量。而逻辑运算符则是用于对逻辑量运算的表达。

1. 逻辑运算符

逻辑表达式的一般形式为

逻辑与：条件式1 && 条件式2

逻辑或：条件式1 || 条件式2

逻辑非：！条件式2

（1）逻辑与

"逻辑与"是当条件式1与条件式2都为真时，结果为真（非0值），否则为假（0值）。也就是说运算会先对条件式1进行判断，如果为真（非0值），则继续对条件式2进行判断。当条件式2判断结果为真时，逻辑运算的结果为真（1）；如果条件式2判断结果不为真时，逻辑运算的结果为假（0值）。如果在判断条件式1时就不为真的话，就不用再判断条件式2了，而直接给出运算结果为假（0）。

（2）逻辑或

"逻辑或"是指只要两个运算条件中有一个为真（非0值）时，运算结果就为真（1）；只有当条件式都不为真时，逻辑运算结果才为假（0）。

（3）逻辑非

"逻辑非"是把逻辑运算结果值取反。也就是说如果两个条件式的运算值为真（非0值），进行逻辑非运算后则结果变为假（0），条件式运算值为假时最后逻辑结果为真（1）。

2. 逻辑运算符的优先级

C 语言中的逻辑运算符的优先级如表 2-8 所示。

表 2-8 逻辑运算符

逻辑运算符	含　　义	优　先　级	结　合　性
&&	与运算	相同（低）	自左向右
||	或运算		
!	非运算	高	自右向左

逻辑运算符的优先次序为

　　　　　　　！ → && → ||　　　　（!为三者中最高）

逻辑运算符与其他运算符的优先次序为

　　　　！（非）　　　　　　　（高）

　　　　算术运算符

　　　　关系运算符

　　　　与（&&）和或（||）

　　　　赋值运算符　　　　　　（低）

3. 逻辑运算的值

逻辑运算结果值分为"真"和"假"两种，编译系统在表示逻辑运算结果时，以数值 1 代表"真"，以数值 0 代表"假"；但在判断一个量是否为"真"时，以 0 代表"假"，以非 0 代表"真"。即将一个非零的数值认为"真"，例如：

（1）若 a=4，则!a 的值为 0。
（2）若 a=4，b=5，则 a&&b 的值为 1。
（3）a 和 b 值分别为 4 和 5，则 a||b 的值为 1。
（4）a 和 b 值分别为 4 和 5，则!a|b 的值为 1。
（5）4 && 0 || 2 的值为 1。

4. 逻辑表达式

关系运算符用于反映两个表达式之间的大小关系，逻辑运算符则用于求条件式的逻辑值，用逻辑运算符将关系表达式或逻辑量连接起来的式子就是逻辑表达式。逻辑表达式的值就是式子中所有逻辑运算的最后结果值，应该是逻辑量"真"或"假"。例如：

　　　　age>=13 && age<=17

表示如果年龄在大于等于 13 同时在小于等于 17 岁之内，则上述逻辑表达式的值为"真"，否则为"假"。

　　　　age<12 || age>65

表示如果年龄在小于 12 或者在大于 65 之间，则上述逻辑表达式的值为"真"，否则为"假"。

2.4.5 条件运算符

C 语言中的条件运算符是"?:"。

条件运算符是 C 语言中唯一的一个三目运算符,它要求有三个运算对象,用它可以将三个表达式连接在一起构成一个条件表达式。条件表达式的一般格式为

> 逻辑表达式? 表达式 1:表达式 2;

其功能是先计算逻辑表达式的值,当逻辑表达式的值为真(非 0 值)时,将计算的表达式 1 的值作为整个条件表达式的值;当逻辑表达式的值为假(0 值)时,将计算的表达式 2 的值作为整个条件表达式的值。例如,条件表达式为

> max=(a>b)?a:b;

其执行结果:当 a>b 时,将 a 赋值给变量 max;当 a<b 时,将 b 赋值给变量 max。

2.4.6 位运算符

C 语言中的位运算符如表 2-9 所示。

表 2-9 位运算符

位运算符	含 义
&	逻辑与
|	逻辑或
~	取反
^	异或
>>	右移
<<	左移

位运算按二进制位对变量进行运算,但并不改变参与运算的变量的值。如果要求按位改变变量的值,则要利用相应的赋值运算。C 语言中位运算符只能对整数进行操作,不能对浮点数进行操作。

2.4.7 复合赋值运算符

C 语言中支持在赋值运算符"="的前面加上其他运算符,组成复合赋值运算符。C 语言支持的复合赋值运算符如表 2-10 所示。

表 2-10 复合赋值运算符

复合赋值运算符	含 义	复合赋值运算符	含 义
+=	加法赋值	-=	减法赋值
*=	乘法赋值	/=	除法赋值
%=	取模赋值	&=	逻辑与赋值
|=	逻辑或赋值	^=	逻辑异或赋值
~=	逻辑非赋值	>>=	右移位赋值
<<=	左移位赋值		

复合赋值运算的一般格式如下:

    变量　复合运算赋值符　表达式;

其处理过程:先把变量与后面的表达式进行某种运算,然后将运算的结果赋给前面的变量。其实这是 C 语言中简化程序的一种方法,大多数双目运算都可以用复合赋值运算符简化表示。

例如,可以有以下的复合赋值运算符:

    a+=5　　　等价于　a=a+5
    x*=y+4　　等价于　x=x*(y+4)
    y%=9　　　等价于　y=y%9

2.4.8 逗号运算符

在 C 语言中,逗号","是一个特殊的运算符,可以用它将两个或两个以上的表达式连接起来,称为逗号表达式。逗号表达式的一般格式为

    表达式 1,表达式 2,…,表达式 n

程序执行时对逗号表达式的处理:按从左至右的顺序依次计算出各个表达式的值,而整个逗号表达式的值是最右边的表达式(n)的值。例如:

    x=(a=3,6*3);

结果 x 的值为 18。

2.4.9 求字节数运算符 sizeof

sizeof 是用来求数据类型、变量或表达式的字节数的一个运算符,但它并不像"="之类运算符那样在程序执行后才能计算出结果,它是直接在编译时产生结果的,sizeof 运算符非常有用。它的语法如下:

    sizeof(数据类型)
    sizeof(表达式)

下面是两句应用例句,在后面的项目任务中安排有相关程序的编写。

    printf("char 是多少个字节? %bd 字节\n",sizeof(char));
    printf("long 是多少个字节? %bd 字节\n",sizeof(long));

结果:

    char 是多少个字节? 1 字节
    long 是多少个字节? 4 字节

2.5 复合语句

复合语句是由若干条语句组合而成的一种语句。在C语言中用一个大括号"{}"将若干条语句括在一起就形成了一个复合语句。复合语句最后不需要以分号";"结束,但它内部的各条语句仍需以分号";"结束。复合语句的一般形式为

```
{
    局部变量定义;
    语句1;
    语句2;
}
```

例如:

```
{
    z=x+y;
    t=z/10;
    printf("%f",t);
}
```

2.6 数据的输入/输出语句

C语言本身不提供输入/输出语句,输入和输出操作是通过C标准函数库中的函数来实现的。

注意: 在使用系统库函数时,要在程序文件的开头用预处理命令#include 将有关头文件包含。在调用标准输入/输出库函数时,应该使用#include<stdio.h>或 include"stdio.h"把stdio.h头文件包含到源程序文件中。

2.6.1 printf()函数及用法

printf() 函数称为格式输出函数,其作用是按用户指定的格式,通过串行口把指定的数据显示出来。它的一般格式如下:

```
printf(格式控制,输出参数表);
```

例如:

```
printf("%d,%d \n",a ,b);
```

格式控制是用双引号括起来的字符串,也称转换控制字符串,它包括三种信息:格式说明符、普通字符和转义字符。

(1)格式说明符:由"%"和格式字符组成,它的作用是用于指明输出数据的格式输出,如%d、%f 等,具体说明见表 2-11。

表 2-11 printf() 函数中用到的格式字符

格式字符	数据类型	输出格式
d	int	带符号十进制数
u	int	无符号十进制数
o	int	无符号八进制数
x	int	无符号十六进制数,用"a~f"表示
X	int	无符号十六进制数,用"A~F"表示
f	float	带符号十进制数浮点数,形式为[-]dddd.dddd
e, E	float	带符号十进制数浮点数,形式为[-]d.ddddE±dd
g, G	float	自动选择 e 或 f 格式中更紧凑的一种输出格式
c	char	单个字符
s	指针	指向一个带结束符的字符串
p	指针	带存储器批示符和偏移量的指针,形式为 M:aaaa。 其中,M 可分别为 C (code), D (data), I (idata), P (pdata) 如 M 为 a,则表示的是指针偏移量

（2）普通字符：普通字符即需要在输出时原样输出的字符，如上面例中 printf() 函数中的逗号、空格等。

（3）转义字符：如上面例中 printf()函数中的"\n"就是转义字符，有关转义字符的含义请参考表 2-3。

（4）输出参数表：输出参数表是程序需要输出的一些数据，可以是常量、变量或表达式。

2.6.2 scanf()函数及用法

scanf() 函数称为格式输入函数，其作用是按照变量在内存分配的地址，将变量的值直接存进去。它的一般格式如下：

scanf(格式控制,地址表列);

例如：

scanf("%d %d",&a,&b);

其中，格式控制与 printf()函数相同，地址表列是由若干个地址组成的表列，可以是变量的地址，或字符串的首地址。符号"&"是地址运算符，"&a"代表取 a 变量的地址，"&b"代表取 b 变量的地址。

使用 scanf()函数时应注意：

（1）scanf()函数中的"格式控制"后面应当是变量地址，而不应是变量名。

（2）如果在"格式控制"字符串中除了格式说明以外还有其他字符，则在输入数据时在对应位置应输入与这些字符相同的字符。

（3）在用"%c"格式输入字符时，空格字符和"转义字符"都作为有效字符输入。

（4）在输入数据时，遇到以下情况时认为该数据结束。

① 遇空格，或按"回车"或"跳格"（Tab）键；

② 按指定的宽度结束，如"%2d"，只取 2 列；
③ 遇非法输入。

2.6.3 putchar()函数及用法

putchar()函数是字符输出函数，其作用是向终端输出一个字符。它的一般格式如下：

putchar(c);

它输出一个字符变量 c 的值。c 可以是字符常量、整型常量、字符变量或整型变量（其值在字符的 ASCII 代码范围内）。例如：

char a='B',b='O',c='Y';   //定义 3 个字符变量并初始化
putchar(a);putchar(b); putchar(c); putchar('\n');

运行相应的 C 程序后，其输出结果为

BOY

如将

putchar(a);putchar(b);putchar(c);putchar('\n');

改为

putchar(a);putchar('\n'); putchar(b);putchar('\n');putchar(c);putchar('\n')

则运行输出结果变为

B
O
Y

注意：

（1）putchar()函数既可以输出能在显示器屏幕上显示的字符，也可以输出屏幕控制字符，如"putchar('\n');"的作用是输出一个换行符，使输出的当前位置移到下一行的开头；"putchar('\101');"的作用是输出字符 A，其中 101 是字符 A 的八进制 ASCII 码；"putchar('\000');"的作用是输出一个空格。

（2）字符类型也属于整数类型，因此将一个字符赋给字符变量和将字符的 ASCII 码赋给字符变量作用是完全相同的（但应注意，整型数据应在 0～127 的范围内）。

2.6.4 getchar()函数及用法

getchar()函数是字符输入函数，其作用是从输入设备输入一个字符。getchar()函数没有参数。它的一般格式如下：

getchar();

例如：

char c;
c=getchar();
putchar('\n');

```
putchar(c);
putchar('\n');
```

运行相应的 C 程序后,从键盘输入字符"a",按 Enter 键,屏幕上将显示输出字符"a"。

2.7 预处理命令

C 语言与其他高级语言的一个重要区别是它具有预处理功能,可以使用预处理命令。但要注意的是,预处理命令并不是 C 语句,只是供编译系统在编译程序时,根据预处理命令对程序做相应的处理,并不生成目标代码。预处理命令通常情况下放在整个源程序的最前面。使用预处理命令,将有利于程序的可移植性,增加程序的灵活性。

为了与一般 C 语句相区别,预处理命令以符号"#"开头,下面介绍 C 语言程序设计中具体要用到的预处理命令。

C 提供的预处理功能主要有宏定义命令、文件包含命令和条件编译命令等。

2.7.1 宏定义

宏定义是用一个指定的标识符来代表一个字符串。它的一般形式如下:

```
#define  标识符  字符串
```

它的作用是在本程序文件中用指定的标识符来代替字符串。例如:

```
#define  PI    3.14159         //用指定的标识符 PI 代替字符串 3.14159
#define  uint  unsigned int    //用指定的标识符 uint 代替字符串 unsigned int
#define  uchar unsigned char   //用指定的标识符 uchar 代替字符串 unsigned char
#define  false 0               //用指定的标识符 false 代替字符 0
#define  true  1               //用指定的标识符 true 代替字符 1
```

几点说明:

(1)标识符(又称做宏名)一般习惯用大写字母表示,以便与变量名相区别;但这并非规定,也可用小写字母。

(2)使用宏名代替一个字符串,可以减少程序中重复书写某些字符串的工作量。

(3)宏定义是用宏名代替一个字符串,只是做简单的置换,不做正确性检查。

(4)宏定义不是 C 语句,不必在行末加分号。如果加了分号则会连分号一起进行置换,这一点请读者使用时注意。

(5)宏定义是专门用于预处理命令的一个专用名词,它与定义变量的含义不同,只做字符替换,不分配内存空间。

2.7.2 文件包含处理

所谓"文件包含"处理是指一个源文件可以将另外一个源文件的全部内容包含进来,即将另外的文件包含到本文件之中。C 语言提供了#include 命令实现"文件包含"的操作。其一般形式有以下两种。

① #include"文件名"。

② #include <文件名>。

例如：

```
#include <reg51.h>      //将51单片机头文件包含到源程序中
#include <stdio.h>      //将标准输入/输出头文件包含到源程序中
#include"uart_init.c"   //将串行口初始化程序包含到源程序中
```

"文件包含"处理一般用在整个源文件的头部，这种常用在文件头部的被包含的文件称为"标题文件"或"头文件"，常以".h"为后缀，如"stdio.h"。也可以不用".h"为后缀，而用".c"为后缀或者没有后缀都可以，但用".h"做后缀更能表示此文件的性质。

几点说明：

（1）一个#include 命令只能指定一个被包含文件，如果要包含 n 个文件，要用 n 个#include 命令。

（2）如果文件1包含文件2，而在文件2中要用到文件3的内容，则可在文件1中用两个#include 命令分别包含文件2和文件3，而且文件3应出现在文件2之前，即在file1.c中定义：

```
#include "file3.h"
#include " file2.h"
```

这样，file1 和 file2 都可以用 file3 的内容，在file2 中不必再用#include "file3.h"了。

（3）在一个被包含文件中又可以包含另一个被包含文件，即文件包含是可以嵌套的。

（4）在#include 命令中，文件名可以用双撇号或尖括号括起来，它们都是合法的。两者的区别是用尖括号（如<stdio.h>形式）时，系统到存放C库函数头文件的目录中寻找要包含的文件，这称为标准方式；用双撇号（如" filc2.h " 形式）时，系统先在用户当前目录中寻找要包含的文件，若找不到，再按标准方式查找。

2.7.3 条件编译

所谓条件编译，就是对源程序中某一部分内容指定编译的条件，只有当条件满足时才进行编译；当条件不满足时，则不编译这部分内容。

条件编译命令有以下几种形式：

（1）形式一

```
#ifdef 标识符
    程序段1
    #else
    程序段2
# endif
```

它的作用是若所指定的标识符已经被#define 命令定义过，则在程序编译阶段编译程序段1；否则编译程序段2。其中#else 部分可以没有，即

```
#ifdef 标识符
程序段1
# endif
```

这里的"程序段"可以是语句组，也可以是命令行。采用条件编译可以提高C源程序的通用性。

（2）形式二

```
# ifndef 标识符
```

```
    程序段 1
    #else
    程序段 2
#endif
```

只是第一行与第一种形式不同：将#ifdef 改为#ifndef。它的作用是若标识符未被定义过，则编译程序段 1；否则编译程序段 2。这种形式与第一种形式的作用相反。

（3）形式三

```
#if 表达式
    程序段 1
    #else
    程序段 2
#endif
```

它的作用是当指定的表达式值为真（非零）时就编译程序段 1；否则编译程序段 2。可以事先给定条件，使程序在不同的条件下执行不同的功能。

有关预处理命令的具体应用，将在后面各个项目中出现，请读者用心学习与思考，逐步掌握预处理命令的用法。

2.8 任务实现

通过上面的学习，读者已经对 C 语言的基本数据类型、运算符、表达式、赋值语句、数据的输入/输出函数和预处理命令有了一定的了解和认识，接下来读者就可以针对前面的任务编写 C 程序，在 Keil（或 Visual C++）开发软件上调试通过。本书所有任务均在 Keil 开发软件上调试。

程序上机调试与运行步骤如下：

（1）建立工程项目；
（2）输入源程序并保存；
（3）添加源程序至工程项目下；
（4）编译连接程序；
（5）采用单步（Step）或连续（Run）方式运行程序；
（6）打开串行口（显示）窗口，观察程序运行结果。

任务 2.1：求两整数之和

要求：

（1）采用赋值语句对 a、b 赋值。
（2）采用 scanf()函数输入 a、b 的值。

源程序如下：

（1）采用赋值语句对 a、b 赋值。

```
/*****************************************************
 *@File       chapter 2-1-1.c
 *@Function   求 a、b 两个整数之和
```

```c
***********************************************************/
#include <reg51.h>                    //预处理命令
#include <stdio.h>
void main( )                          //定义主函数
{
    int a,b,sum;                      //定义 a、b、sum 为整型变量
    SCON=0x52;                        //串行口初始化,打开显示窗口
    TMOD=0x20;
    TH1=0xf3;
    TR1=1;
    a = 23;                           //采用赋值语句对变量 a、b 赋值
    b = 44;
    sum = a + b;                      //将 a 与 b 的和赋给 sum
    printf("sum is %d\n",sum);        //调用库函数,输出 sum
    while(1);                         //程序暂停
}
```

打开 Keil 软件,按上机调试与运行步骤调试运行程序,其运行显示结果如图 2-3 所示。

图 2-3 运行显示结果

(2) 采用 scanf() 函数输入 a、b 的值。

```c
/***********************************************************
    *@File       chapter 2-1-2.c
    *@Function   求 a、b 两个整数之和
***********************************************************/
#include <reg51.h>                    //预处理命令
#include <stdio.h>
void main( )                          //定义主函数
{
    int a,b,sum;                      //定义整型变量 a、b、sum
    SCON=0x52;                        //串行口初始化,打开显示窗口
    TMOD=0x20;
    TH1=0xf3;
    TR1=1;
    printf("please input a and b:\n");   //输出提示信息
    scanf("%d,%d" ,&a,&b);            //通过调用 scanf()库函数对 a、b 赋值
    sum =   a + b;                    //将 a 与 b 的和赋给 sum
    printf("sum is %d\n",sum);        //调用库函数,其功能是输出 sum 的值
    while(1);                         //空循环,程序暂停
}
```

打开 Keil 软件，按上机调试与运行步骤调试运行程序，其运行显示结果如图 2-4 所示。

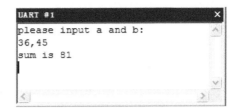

图 2-4 运行显示结果

任务 2.2：给定一个大写字母，用小写字母输出

要求：给定一个大写字母，转换成相应的小写字母后输出。
（1）采用赋值语句给定大写字母。
（2）采用 scanf()函数给定大写字母。
源程序如下：
（1）采用赋值语句给定大写字母。

```
/*****************************************************
    *@File        chapter 2-2-1.c
    *@Function    给定一个大写字母，要求用小写字母输出
*****************************************************/
#include <reg51.h>                    //预处理命令
#include <stdio.h>
void main( )                          //定义主函数
{
    char c1,c2;                       //定义字符型变量 c1、c2
    SCON=0x52;                        //串行口初始化，打开显示窗口
    TMOD=0x20;
    TH1=0xf3;
    TR1=1;
    c1='M';                           //采用赋值语句给定大写字母
    c2=c1+32;                         //大写字母转小写字母
    printf("%c\n",c1);                //输出大小写字母
    printf("%c\n",c2);
    while(1);
}
```

打开 Keil 软件，按上机调试与运行步骤调试运行程序，其运行显示结果如图 2-5 所示。

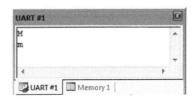

图 2-5 运行显示结果

（2）采用 scanf()函数给定大写字母。

```
/***********************************************
 *@File        chapter 2-2-2.c
 *@Function    输入一个大写字母，要求用小写字母输出
 ***********************************************/
#include <reg51.h>                    //预处理命令
#include <stdio.h>
void main( )                          //定义主函数
{
    char c1,c2;                       //定义字符型变量 c1、c2
    SCON=0x52;                        //串行口初始化，打开显示窗口
    TMOD=0x20;
    TH1=0xf3;
    TR1=1;
    printf("please input c1:\n");
    scanf("%c",&c1);                  //采用 scanf()函数输入大写字母
    c2=c1+32;                         //大写字母转小写字母
    printf("\n");
    printf("%c\n",c2);                //输出小写字母
    while(1);
}
```

打开 Keil 软件，按上机调试与运行步骤调试运行程序，其运行显示结果如图 2-6 所示。

图 2-6　运行显示结果

任务 2.3：在电脑屏上输出图案

要求：请在电脑屏上输出以下图案。

```
******
 ******
  ******
```

源程序如下：

```
/***********************************************
        *@File        chapter 2-3.c
        *@Function    在电脑屏上输出显示图形
***********************************************/
#include <reg51.h>                    //预处理命令
```

```c
#include <stdio.h>
void main( )                          //定义主函数
{
    SCON=0x52;                        //串行口初始化,打开显示窗口
    TMOD=0x20;
    TH1=0xf3;
    TR1=1;
    printf(" ******\n");              //输出所指定的信息
    printf("  ******\n");
    printf("   ******\n");
    while(1);                         //空循环,程序暂停
}
```

打开 Keil 软件,按上机调试与运行步骤调试运行程序,其运行显示结果如图 2-7 所示。

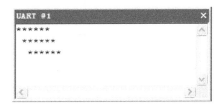

图 2-7　运行显示结果

2.9　工程应用——点亮一个发光二极管

通过上面的学习和上机调试,想必读者对 C 语言已经有了一些了解,为了更好地利用 C 语言解决工程实际问题,现在让我们一起步入到工程项目的学习应用中去,通过项目任务的学习与上机调试,知道 C 语言究竟用在哪。

1. 任务描述

在现实生活中,经常遇到信号灯控制,现要求用 C 语言编程,采用 Keil 软件里插入的键盘、LED 显示实验仿真板作为硬件平台,点亮 P1 端口对应的一个发光二极管。

键盘、LED 显示实验仿真板如图 2-8 所示。其用法请参考附录 A。

图 2-8　键盘、LED 显示实验仿真板

2. 编写 C 程序

（1）编程思路：由键盘、LED 显示实验仿真板电路图可知，当 P1 端口输出高电平时，发光二极管灭，输出低电平时，发光二极管亮。

在本任务中，使用 P1 端口的第一脚（记为 P1.0）来控制发光二极管点亮。

（2）源程序如下。

```
/***********************************************************
    *@File       chapter 2-4.c
    *@Function   点亮一个发光二极管
***********************************************************/
#include <reg51.h>              //预处理命令
sbit LED1=P1^0;                 //定义 P1 端口的第一脚接 LED1
void main( )                    //定义主函数
{
    LED1=0;                     //点亮一个发光二极管
}
```

3. 上机调试与仿真

（1）打开 Keil 软件，建立工程。

（2）输入源程序，使源程序编译连接正确。

（3）使程序进入调试状态。

（4）调出键盘、LED 显示实验仿真板。

（5）采用单步（Step）或连续（Run）执行键运行程序，其仿真结果如图 2-9 所示。

图 2-9 仿真结果

当然，也可以点亮两个或多个发光二极管，参考下面代码段修改源程序。

```
#include <reg51.h>           //预处理命令
sbit LED1=P1^0;              //定义 P1 口的第一脚接 LED1
sbit LED2=P1^1;              //定义 P1 口的第二脚接 LED2
void main( )                 //定义主函数
{
    LED1=0;                  //点亮一个发光二极管
    LED2=0;                  //点亮另一个发光二极管
}
```

运行修改后的源程序，确定几乎能让两个发光二极管同时点亮。

在上述程序段中，采用的是 P1 端口位定义方式实现发光二极管点亮，还可以采用 P1 端口整字节送代码方式实现发光二极管点亮。参考下面代码段修改源程序，点亮四个发光二极管。

```
#include <reg51.h>           //预处理命令
void main( )                 //定义主函数
{
    P1=0x0f;                 //点亮四个发光二极管
}
```

其中，"P1=0x0f; "等价于 "P1=15;"。即可以用十进制数形式对 P1 端口赋值，请读者上机尝试。

归纳与总结

顺序结构是一种最简单、最基本的程序结构，程序从上往下依次顺序执行，这种结构在后面选择结构和循环结构中都要用到。预处理功能是 C 语言特有的功能，它是编译系统在编译程序时，根据预处理命令对程序做相应的处理，并不生成目标代码，一般放在整个源程序的最前面。本项目主要学习在顺序结构中如何使用预处理命令、如何定义变量、如何对变量赋值、如何输入数据以及如何输出数据等。在项目的最后，通过用 C 语言编程实现点亮一个发光二极管，进一步认识选择结构在工程中的实际应用。

练习题

1. 请上机调试，完成本项目任务 2.1、任务 2.2、任务 2.3。
2. 编写一个 C 程序，求三个实数之和。
3. 编写一个 C 程序，找出三个整数中的最小数和最大数。
4. 编写一个 C 程序，在电脑屏上输出显示以下菱形图案。

```
   *
  ***
 *****
*******
 *****
  ***
   *
```

项目 3 选择结构程序设计

教学目的
- 了解 C 语言选择结构特点；
- 熟练掌握 if 语句及用法；
- 熟练掌握 switch 语句及用法；
- 熟悉关系、逻辑、条件、逗号运算符与表达式；
- 熟练掌握选择结构程序设计方法。

重点与难点
- if 语句三种形式及用法；
- switch 语句及用法；
- 逻辑表达式写法及用法；
- 选择结构程序设计方法。

 项目任务

任务 3.1：比较大小
任务 3.2：两个数排序
任务 3.3：三个数排序
任务 3.4：大、小写字母转换
任务 3.5：比较大小并进行算数运算
任务 3.6：判断星期并显示
任务 3.7：百分制分数转换为成绩等级
任务 3.8：输入字符并进行算数运算
任务 3.9：闰年判断

 相关知识

前面介绍了顺序结构程序设计。在顺序结构中，各条语句是按自上而下的顺序执行的，是无条件的，是最简单的程序结构。但实际上，很多情况都需要根据某个条件是否满足来决定是否执行指定的操作任务，或者从给定的两种或多种操作中选择其一，这就是选择结构。选择结构一般情况流程图如图 3-1 所示。

其中，P 是一个条件判断框。无论条件 P 是否成立，只能执行框 A 或框 B 之一，不可能既执行框 A 又执行框 B。执行完框 A 或框 B 后，程序将接着执行下一条语句。

有时，A 或 B 两个框中可以有一个是空的，即不执行任何操作，如图 3-2 所示。

图 3-1 选择结构流程图

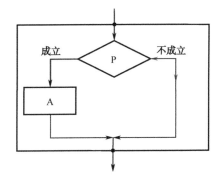

图 3-2 A 或 B 框为空

总体来说，C 语言有两种选择语句：
① if 语句，用来实现两个分支的选择结构。
② switch 语句，用来实现多分支的选择结构。
下面对这两种选择语句的用法做详细介绍。

3.1 if 语句及用法

if 语句用来判定所给定的条件是否满足，根据判定的结果（真或假）决定执行给出的两种操作之一。

1. if 语句的一般形式

if 语句的一般形式如下。

```
if( 表达式 ) 语句 1
    [ else 语句 2 ]
```

if 语句的一般形式执行过程：当表达式成立时，执行语句 1；否则执行语句 2。

if 语句中的表达式可以是关系表达式、逻辑表达式，甚至是数值表达式。当表达式成立（结果为真）时，执行语句 1；否则执行语句 2。例如：

```
if(a==b)              //关系表达式
    a++;
else a--;
```

当 a 等于 b 时，执行 a 加 1；否则，执行 a 减 1。

```
if(a==b&&x==y)        //逻辑表达式
    printf("a=b,x=y");
else
    printf("a!=b,x!=y");
```

当 a==b，同时 x==y 时，输出"a=b,x=y"；否则，输出"a!=b,x!=y"。

在上面 if 语句的一般形式中，方括号内的部分为可选项。语句 1 和语句 2 可以是一个简单的语句，也可以是一个复合语句（包含两条及两条以上的语句）。如果是复合语句，要用"{}"

将所有语句括起来；还可以是另一个 if 语句（即在一个 if 语句中又包括另一个或多个内嵌的 if 语句）。

2. if 语句的其他形式

根据 if 语句的一般形式，if 语句可以写成不同的形式，最常用的有以下三种形式。

（1）没有 else 子句部分

```
if(表达式)语句
```

如果表达式的结果为真，则执行语句，否则就跳过语句往下执行。例如：

```
if(a>b)
    printf("%d",a);
```

语句执行过程：如果 a>b，则以整型数据形式输出 a；否则，顺序执行下一个语句。

（2）有 else 子句部分

```
if(表达式)语句 1
else 语句 2
```

如果表达式的结果为真，则执行语句 1，否则执行语句 2。例如：

```
if(a>b)
    printf("%d",a);
else
    printf("%d",b);
```

语句执行过程：如果 a>b，则以整型数据形式输出 a；否则，以整型数据形式输出 b。

（3）在 else 部分又嵌套了多层的 if 语句

```
if(表达式 1)语句 1
else if(表达式 2) 语句 2
else if(表达式 3) 语句 3
          ⋮
else if(表达式 n) 语句 n
else 语句 n+1
```

这是由 if-else 语句组成的嵌套，用来实现多方向条件分支。使用时应注意 if 和 else 的配对使用，要是少了一个就会出现语法错误。

注意：else 总是与最临近的 if 配对使用的。

例如：

```
if (number> 800) cost = 1.5;
else if (number>500) cost = 1.0;
else if (number>200) cost = 0.75;
else if (number>100) cost = 0.5;
else    cost = 0;
```

语句执行过程：如果 number>800，则 cost=1.5；否则，如果 number>500，则 cost=1.0；否则，如果 number>200，则 cost=0.75；否则，如果 number>100，则 cost=0.5；否则，cost=0。

3.2 switch 语句及用法

用多个 if 条件语句可以实现多方向条件分支，但是使用过多的 if 条件语句会使条件语句嵌套过多，程序冗长且可读性降低，如多个 if-else 语句组成的嵌套例子。

switch 开关语句是多分支选择语句，使用 switch 语句既能达到处理多分支选择的目的，又可以使程序结构清晰。

switch 语句一般形式如下。

```
switch（表达式）
{
    case 常量表达式 1:语句 1;
    case 常量表达式 2:语句 2;
    ⋮
    case 常量表达式 n:语句 n;
    default:语句 n+1;
}
```

switch 语句的作用是根据表达式的值，使流程跳转到不同的语句。运行中 switch 后面的表达式的值作为条件，与 case 后面的各个常量表达式的值相对比，如果相等，则执行此 case 后面的语句；如果 case 没有和条件相等的值时，就执行 default 后的语句。其流程图如图 3-3 所示。

图 3-3 switch 语句（不带 break 语句）流程图

使用说明：

① switch 后面括号内的"表达式"，其值的类型应为整数类型（包括字符型）。

② 可以没有 default 标号，此时如果没有与 switch 表达式相匹配的 case 常量，则不执行任何语句，流程跳转到 switch 语句的下一个语句。

③ switch 语句在执行完一个 case 后面的语句后，并不会自动跳出 switch，转而会去执行其后面的语句。因此，一般情况下，在执行一个 case 子句后，应当用 break 语句使流程跳出 switch 结构，即终止 switch 语句的执行。其表达式如下。

```
switch (表达式)
{
    case 常量表达式 1: 语句 1; break;
    case 常量表达式 2: 语句 2; break;
    ⋮
    case 常量表达式 n: 语句 n; break;
```

```
    default: 语句n+1;
}
```

与表达式相对应的流程图如图 3-4 所示。

图 3-4 switch 语句（带 break 语句）流程图

例如：

```
switch(grade)
{
    case 'A': printf("90～100\n");break;
    case 'B': printf("80～89\n");break;
    case 'C': printf("70～79\n");break;
    case 'D': printf("60～69\n");break;
    case 'E': printf("<60\n");break;
    default: printf("data error!\n");break;
}
```

上述 switch 语句执行过程：

如果 grade 的内容为"A"，则显示结果：90～100，程序自动跳出 switch 语句；

如果 grade 的内容为"B"，则显示结果：80～89，程序自动跳出 switch 语句；

如果 grade 的内容为"C"，则显示结果：70～79，程序自动跳出 switch 语句；

如果 grade 的内容为"D"，则显示结果：60～69；程序自动跳出 switch 语句；

如果 grade 的内容为"E"，则显示结果：<60，程序自动跳出 switch 语句；

如果 grade 的内容是其他数据，则显示结果为"data error!"，程序自动跳出 switch 语句（即结束 switch 语句）。

3.3 任务实现

任务 3.1：比较大小

要求：找两个整数中的较大数。

源程序如下：

```
/******************************************************
*@File       chapter 3-1.c
*@Function   找两个整数中的较大数
*******************************************************/
```

```c
#include <reg51.h>                    //预处理命令
#include <stdio.h>
void main( )                          //定义主函数
{
    int a,b,max;                      //定义整型变量 a、b、max
    SCON=0x52;                        //串行口初始化, 打开显示窗口
    TMOD=0x20;
    TH1=0xf3;
    TR1=1;
    printf("please input a and b:\n");//信息提示
    scanf("%d,%d",&a,&b);             //调用 scanf()库函数, 输入变量 a、b
    if(a>b)max = a;                   //将较大数赋值给 max
       else max = b;
    printf("max is %d\n",max);        //调用库函数, 输出 max 的值
    while(1);                         //空循环, 程序暂停
}
```

程序说明：上面程序段中的 if-else 语句也可以用项目 2 中提到的条件运算符，只需要把 if-else 语句换成如下语句就可以了，读者可以上机试试。

```
max=(a>b)?a:b;
```

打开 Keil 软件，按上机调试与运行步骤调试运行程序，其运行显示结果如图 3-5 所示。

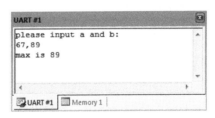

图 3-5　运行显示结果

任务 3.2：两个数排序

要求：输入两个整数，按由小到大的顺序排序。
编程思路：两个数排序，只要做一次比较，然后根据情况执行一次交换即可。
源程序如下：

```c
/************************************************************
*@File         chapter 3-2.c
*@Function     输入两个整数, 按由小到大的顺序排序
************************************************************/
#include <reg51.h>                    //预处理命令
#include <stdio.h>                    //定义主函数
void main()
{
    int a,b,t;                        //定义整型变量
    SCON=0x52;                        //串行口初始化, 打开显示窗口
```

```
            TMOD=0x20;
            TH1=0xf3;
            TR1=1;
            printf("please input a and b :\n");   //输出提示信息
            scanf("%d,%d",&a,&b);                 //输入两个整数
              if (a>b)                            //如果前数大于后数,将两个数交换位置
            {
              t=a;
              a=b;
              b=t;
                }
            printf("%d,%d\n",a,b);                //输出排序结果
            while(1);                             //空循环,程序暂停
        }
```

打开 Keil 软件,按上机调试与运行步骤调试运行程序,其运行显示结果如图 3-6 所示。

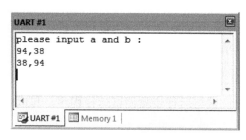

图 3-6 运行显示结果

任务 3.3:三个数排序

要求:输入三个整数,按由大到小的顺序排序,并找出最大数。

编程思路:有了前面两个数的排序基础,三个数的排序就不难实现了。只要将三个数两两比较就可以了,而最大数就是最前面那个数。

源程序如下:

```
    /***********************************************************
    *@File        chapter 3-3.c
    *@Function    输入三个整数,按由大到小的顺序排序,并找出最大数
    ***********************************************************/
    #include <reg51.h>                    //预处理命令
    #include <stdio.h>
    void main( )                          //定义主函数
    {
       int a,b,c,t,max;                   //定义整型变量
          SCON=0x52;                      //串行口初始化,打开显示窗口
          TMOD=0x20;
          TH1=0xf3;
          TR1=1;
          printf("please input a  b and c:\n");   //输出提示信息
```

```
    scanf("%d,%d,%d",&a,&b,&c);          //输入三个整数
    if(a<b)                               //if 语句完成 a、b 交换
       {t=a;a=b;b=t;}
    if(a<c)                               //if 语句完成 a、c 交换
       {t=a;a=c;c=t;}
    if(b<c)
       {t=b;b=c;c=t;}                     //if 语句完成 b、c 交换
    printf("%d,%d,%d\n",a,b,c);           //输出三个整数
    max=a;                                //将最大数赋值给 max
    printf("max=%d\n",max);               //输出最大数
    while(1);                             //空循环,程序暂停
}
```

打开 Keil 软件,按上机调试与运行步骤调试运行程序,其运行显示结果如图 3-7 所示。

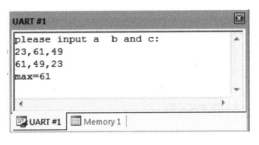

图 3-7 运行显示结果

任务 3.4:大、小写字母转换

要求:输入一个字符,判别它是否大写字母,如果是,将它转换成小写字母;如果不是,不转换。输出最后得到的字符。

源程序如下:

```
/****************************************************************
*@File       chapter 3-4.c
*@Function   大小写字母转换
*****************************************************************/
#include <reg51.h>                        //预处理命令
#include <stdio.h>
void main( )                              //定义主函数
{
    char ch;                              //定义字符型变量
    SCON=0x52;                            //串行口初始化,打开显示窗口
    TMOD=0x20;
    TH1=0xf3;
    TR1=1;
    printf("please input ch :\n");        //输出提示信息
    scanf(" %c",&ch);                     //输入一个字符
    printf("\n");                         //换行
    if(ch>='A' && ch<='Z')ch=(ch+32);     //if-else 语句
```

```
            else ch=ch;
            printf("%c\n",ch);            //输出字符
            while(1);                     //空循环，程序暂停
            }
```

程序说明：上面程序段中的 if-else 语句也可以用项目 2 中提到的条件运算符，只需要把 if-else 语句换成如下语句就可以了，读者可以上机试试。

```
ch=(ch>='A' && ch<='Z') ? (ch+32) : ch;
```

打开 Keil 软件，按上机调试与运行步骤调试运行程序，其运行显示结果如图 3-8 所示。

图 3-8　运行显示结果

任务 3.5：比较大小并进行算数运算

要求：输入两个整数 a、b，如果 a<b，则执行 a、b 两数相加；如果 a>b，则执行 a、b 两数相减；如果 a=b，则执行 a、b 两数相除。

源程序如下：

```
/****************************************************************
*@File        chapter 3-5.c
*@Function    输入两个整数 a、b，如果 a<b，则执行 a、b 两数相加；
             如果 a>b，则执行 a、b 两数相减；如果 a=b，则执行 a、b 两数相除。
****************************************************************/
#include <reg51.h>                        //预处理命令
#include <stdio.h>
void main( )                              //定义主函数
{
    int a, b;                             //定义整型变量 a、b
    SCON = 0x52;                          //串行口初始化，打开显示窗口
    TMOD = 0x20;
    TH1 = 0xf3;
    TR1 = 1;
    printf("please input a and b:\n");    //信息提示
    scanf("%d,%d", &a, &b);               //输入变量 a、b
    if (a<b)printf("a+b=%d\n",a+b);       //如果 a<b，则执行 a、b 两数相加
      else
        if (a>b)
          printf("a-b=%d\n",a-b);         //如果 a>b，则执行 a、b 两数相减
            else printf("a/b=%d\n",a/b);  //如果 a=b，则执行 a、b 两数相除
    while (1);                            //空循环，程序暂停
}
```

打开 Keil 软件，按上机调试与运行步骤调试运行程序，其运行显示结果如图 3-9 所示。

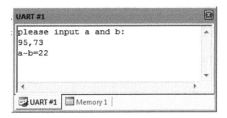

图 3-9　运行显示结果

任务 3.6：判断星期并显示

要求：通过键盘输入一个整型数字，在电脑屏上完成星期一（Monday）～星期天（Sunday）显示。

源程序如下：

```
/*****************************************************************
*@File        chapter 3-6.c
*@Function    通过键盘输入一个整型数字，在电脑屏上完成星期一（Monday）～星期天（Sunday）
             显示。
*****************************************************************/
#include<reg51.h>                    //预处理命令
#include<stdio.h>
void   main()                        //定义主函数
{
int a;                               //定义整型变量
SCON=0x52;                           //串行口初始化，打开显示窗口
TMOD=0x20;
TH1=0xf3;
TR1=1;
printf("Please input integer number:\n");  //输出提示信息
scanf("%d",&a);                      //输入整型数字
switch(a)                            //根据整型数字输出星期一～星期天
{
case 1:printf("Today is Monday\n");break;
case 2:printf("Today is Tuesday\n");break;
case 3:printf("Today is Wednesday\n");break;
case 4:printf("Today is Thursday\n");break;
case 5:printf("Today is Friday\n");break;
case 6:printf("Today is Saturday\n");break;
case 7:printf("Today is Sunday\n");break;
default:printf("date error!\n");
}
while (1);                           //空循环，程序暂停
}
```

打开 Keil 软件，按上机调试与运行步骤调试运行程序，其运行显示结果如图 3-10 所示。

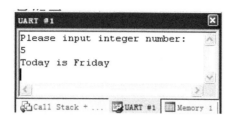

图 3-10 运行显示结果

任务 3.7：百分制分数转换为成绩等级

要求：通过键盘输入学生考试成绩，要求输出考试成绩的等级百分制分数段。"A"等为 90～100 分，"B"等为 80～89 分，"C"等为 70～79 分，"D"等为 60～69 分，"E"等为 60 分以下。

编程思路：由于 switch 语句中的表达式其值类型只能是整数（包括字符型），而不能是其他类型（如百分制分数段），所以无法直接用逻辑表达式来描述百分制分数段。可以先通过 if-else 语句将百分制分数段转换成数字，再用数字与百分制分数段对应关系来表示表达式。百分制分数段转换成数字与等级之间的关系如表 3-1 所示。

表 3-1 百分制分数段转换成数字与等级之间的关系

百分制分数段（score）	数字（num）	等级（grade）
90～100	1	A
80～89	2	B
70～79	3	C
60～69	4	D
60 以下	5	E

源程序如下：

```
/****************************************************
*@File      chapter 3-7.c
*@Function  学生百分制分数转换成成绩等级
****************************************************/
#include <reg51.h>                  //预处理命令
#include <stdio.h>
void main()                         //定义主函数
{
    int score,num;                  //定义分数变量为整型
    SCON=0x52;                      //串行口初始化，打开显示窗口
    TMOD=0x20;
    TH1=0xf3;
    TR1=1;
    printf("please input Your score :\n");   //输出提示信息
    scanf("%d",&score);             //输入分数
```

```
    printf("Your grade:");                    //输出提示信息
    if(score>=90 && score<=100)num=1;         //百分制分数段转换成数字
     else if(score>=80 && score<=89)num=2;
     else if(score>=70 && score<=79)num=3;
     else if(score>=60 && score<=69)num=4;
     else if(score<60)num=5;
    switch(num)                                //根据数字（百分制分数段）得到相应的成绩等级
    {
        case 1: printf("    A\n");break;
        case 2: printf("    B\n");break;
        case 3: printf("    C\n");break;
        case 4: printf("    D\n");break;
        case 5: printf("    E\n");break;
        default:   printf("data error!\n");break;
    }
    while(1);                                  //空循环，程序暂停
}
```

打开 Keil 软件，按上机调试与运行步骤调试运行程序，其运行显示结果如图 3-11 所示。

图 3-11 运行显示结果

任务 3.8：输入字符并进行算数运算

要求：通过键盘输入两个整数和一个算术运算符（"+"、"-"、"*"、"/"），要求按算术运算符执行相应的运算并输出结果。

源程序如下：

```
/*****************************************************
*@File        chapter 3-8.c
*@Function    输入两个整数，按输入的算术运算符执行运算
*****************************************************/
#include <reg51.h>                   //预处理命令
#include <stdio.h>
void main()                          //定义主函数
{
    int a,b;                         //定义整型变量 a、b
    char ch;                         //定义运算符 ch 为字符型变量
    SCON=0x52;                       //串行口初始化，打开显示窗口
    TMOD=0x20;
```

```
        TH1=0xf3;
        TR1=1;
        printf("please input a,b,ch :\n");        //输出提示信息
        scanf("%d,%d,%c",&a,&b,&ch);              //输入两个整数和运算符
        printf("\n");
        switch(ch)                                //根据输入的运算符执行相应运算
    {
        case '+': printf("a+b=%d\n",a+b);break;
        case '-': printf("a-b=%d\n",a-b);break;
        case '*': printf("a*b=%d\n",a*b);break;
        case '/':  printf("a/b=%d\n",a/b);break;
        default: printf("information input error!\n");
    }
        while(1);                                 //空循环,程序暂停
}
```

打开 Keil 软件,按上机调试与运行步骤调试运行程序,其运行显示结果如图 3-12 所示。

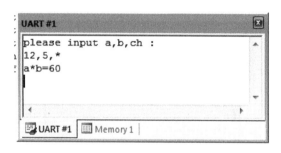

图 3-12 运行显示结果

任务 3.9:闰年判断

要求:编写一段程序,判断某一年(year)是否闰年。
(1)采用 if-else 语句嵌套实现闰年判断;
(2)采用逻辑表达式实现闰年判断。

编程思路:判断某一年(year)是否为闰年的条件如下。
(1)能被 4 整除,但不能被 100 整除的年份都是闰年;
(2)能被 400 整除的年份是闰年。

不符合以上两个条件的年份不是闰年,可以用下面的表达式来描述上述两个条件:
(1)year%4==0(能被 4 整除),同时,year%100!=0(不能被 100 整除);
(2)year%400==0 (能被 400 整除)。

源程序如下:
(1)采用 if-else 语句嵌套实现闰年判断。

```
/*********************************************
*@File         chapter 3-9-1.c
*@Function     闰年判断
*********************************************/
```

```c
#include <reg51.h>              //预处理命令
#include <stdio.h>
void main()                     //定义主函数
{
    int year,leap;              //定义整型变量
    SCON=0x52;                  //串行口初始化,打开显示窗口
    TMOD=0x20;
    TH1=0xf3;
    TR1=1;
    printf("please input year:\n");  //信息提示
    scanf("%d",&year);          //输入年份
    if (year%4==0)              //闰年判断
    {
        if(year%100==0)
        {
            if(year%400==0)
                leap=1;
            else
                leap=0;
        }
        else
            leap=1;
    }
    else
        leap=0;
    if (leap)
        printf("%d is a leap year.\n",year);    //输出结果
    else
        printf("%d is not a leap year.\n",year);
    while(1);                   //空循环,程序暂停
}
```

打开 Keil 软件,按上机调试与运行步骤调试运行程序,其运行显示结果如图 3-13 所示。

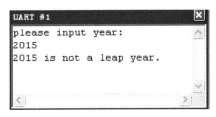

图 3-13 运行显示结果

(2)采用逻辑表达式实现闰年判断。

```
/*********************************************
*@File         chapter 3-9-2.c
*@Function     闰年判断
*********************************************/
```

```
#include <reg51.h>              //预处理命令
#include <stdio.h>
void main()                     //定义主函数
{
    int year;                   //定义整型变量
    SCON=0x52;                  //串行口初始化,打开显示窗口
    TMOD=0x20;
    TH1=0xf3;
    TR1=1;
    printf("please input year:\n");    //信息提示
    scanf("%d",&year);          //输入年份
    if((year%4==0&&year%100!=0)||(year%400==0))    //闰年判断
      printf("%d is a leap year.\n",year);    //输出结果
        else
          printf("%d is not a leap year.\n",year);
            while (1);          //空循环,程序暂停
}
```

打开 Keil 软件,按上机调试与运行步骤调试运行程序,其运行显示结果如图 3-14 所示。

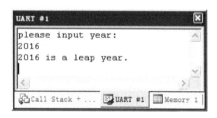

图 3-14 运行显示结果

3.4 工程应用——开关控制发光二极管点亮

1. 任务描述

通过项目 2 中的工程应用,点亮了一个发光二极管,现要求用 C 语言编程,采用键盘、LED 显示实验仿真板做硬件平台,在项目 2 的基础上,增加两个开关分别控制两个发光二极管点亮,控制要求如下:

（1）上电开关未动作时,两个发光二极管均不亮;

（2）当开关 K1 接通时,第一个发光二极管 LED1 点亮;

（3）当开关 K2 断开时,第二个发光二极管 LED2 点亮。

2. 编写 C 程序

（1）编程思路:根据项目控制要求,可以使用键盘、LED 显示实验仿真板上的 P1 端口的两个管脚来控制发光二极管,用 P3 端口的两个管脚来控制电子开关。

① P1 端口的 P1.0 控制第一个发光二极管 LED1 点亮,P1.1 控制第二个发光二极管 LED2 点亮。P1 端口输出低电平时,发光二极管亮;输出高电平时,发光二极管灭。

② P3 端口的 P3.2 控制电子开关 K1，P3.3 控制电子开关 K2。当上电开关未动作时，第一个发光二极管 LED1 和第二个发光二极管 LED2 均不亮；K1 按下 P3.2 管脚输入低电平时，第一个发光二极管 LED1 点亮；K2 按下 P3.3 管脚输入低电平时，第二个发光二极管 LED2 点亮。

③ 本任务中采用 if-else 语句嵌套实现。

（2）源程序如下。

```
/***************************************************************
*@File        chapter 3-10.c
*@Function    开关控制点亮两个发光二极管
***************************************************************/
#include <reg51.h>
sbit LED1 = P1 ^ 0;         //定义 LED1
sbit LED2 = P1 ^ 1;         //定义 LED2
sbit K1 = P3^2;             //定义 K1
sbit K2 = P3^3;             //定义 K2
void main()                 //定义主函数
{
    if(K1==0)
      {
         LED1 = 0;          //点亮 LED1
          LED2 = 1;
      }
        else if(K2==0)
          {
             LED2 = 0;      //点亮 LED2
              LED1 = 1;
          }
            else
              {
                 LED1 = 1;  //两灯均灭
                  LED2 = 1;
              }
}
```

3. 上机调试与仿真

（1）打开 Keil 软件，建立工程；
（2）输入源程序，使源程序编译连接正确；
（3）使程序进入调试状态；
（4）调出键盘、LED 显示实验仿真板；
（5）采用单步（Step）或连续（Run）执行键运行程序，其仿真结果如图 3-15 所示。

```
1  /****************************************
2  *@File        chapter 3-10.c
3  *@Function    开关控制点亮两个发光二极管
4  ****************************************/
5  #include <reg51.h>
6  sbit LED1 = P1 ^ 0;        //定义LED1
7  sbit LED2 = P1 ^ 1;        //定义LED2
8  sbit K1 = P3^2;            //定义K1
9  sbit K2 = P3^3;            //定义K2
10 void main()                //定义主函数
11 {
12   if (K1==0)
13     {
14       LED1 = 0;            //点亮LED1
15         LED2 = 1;
16     }
17   else if(K2==0)
18     {
19       LED2 = 0;            //点亮LED2
20         LED1 = 1;
21     }
```

图 3-15 仿真结果

选择结构是程序设计中经常要用到的一种程序结构，需要读者熟练掌握 if 语句和 switch 语句的结构形式和控制过程，能熟练运用这两种语句进行选择结构程序设计。在本项目的最后，通过用 C 语言编程实现开关控制发光二极管点亮，进一步认识了选择结构在工程中的实际应用。

1．请上机调试，完成本项目任务 3.1～任务 3.9。

2．编写一个 C 程序，要求通过键盘输入四个整数，将它们按由小到大的顺序排序。

3．编写一个 C 程序，要求通过键盘输入五个整数，将它们按由大到小的顺序排序，并找出其中的最大数和最小数。

4．编写一个 C 程序，通过键盘输入学生考试成绩等级，根据输入的学生考试成绩等级输出相应的百分制分数段。"A"等为 90～100 分，"B"等为 80～89 分，"C"等为 70～79 分，"D"等为 60～69 分，"E"等为 60 分以下。

项目4　循环结构程序设计

教学目的
- 熟练掌握三种循环语句——while 语句、do-while 语句、for 语句及用法；
- 熟练掌握 break 语句、continue 语句及用法；
- 熟练掌握循环嵌套的用法；
- 熟练掌握循环结构程序设计方法。

重点与难点
- while、do-while、for 语句及用法；
- while(1){}、for(;;){}无限循环语句的用法；
- break、continue 语句及用法；
- while、for 循环嵌套的用法；
- 循环结构程序设计方法。

任务 4.1：用循环语句求和
任务 4.2：用循环语句排序
任务 4.3：用循环语句进行大、小写字母转换
任务 4.4：输出被 5 整除的数
任务 4.5：素数判断
任务 4.6：用循环语句进行闰年判断
任务 4.7：输出矩阵

在一个实用的程序中，循环结构是必不可少的。循环是反复执行某一部分程序行的操作。C 语言中的循环结构有两类：

（1）当型循环（while 语句）：即当给定的条件成立时，执行循环体部分，执行完毕回来再次判断条件，如果条件满足就继续循环，否则退出循环。其流程图如图 4-1 所示。

（2）直到型循环（do-while 语句）：先执行循环体，然后判断给定的条件，只要条件成立就继续循环，直到判断出给定的条件不成立时退出循环。其流程图如图 4-2 所示。

图 4-1　当型循环流程图　　　图 4-2　直到型循环流程图

4.1　while 语句及用法

while 语句的作用是实现"当型"循环结构,其一般形式如下:

```
while(表达式)
{
   循环体语句;
}
```

当表达式结果为非 0 值(真)时,就执行 while 语句中的循环体语句。其特点:先判断表达式,后执行语句。例如:

```
while (i<=10)
    {
        sum=sum+i;
        i++;
    }
```

当 i<=10 时,执行后面的语句,否则就跳过 while 语句往后执行下一条语句。

再例如:

```
while(1)
{
   …
}
```

在上述例子中,表达式使用了一个常数"1",这是一个非零值,即"真",条件总是满足的,花括号里的语句总会被执行,构成了自动控制过程中经常用到的无限循环结构。

还可以是下面的形式:

```
i=3;
while(i--)
{
   …
}
```

程序段执行三次，当 i-1=0 时，程序跳出 while 循环，执行 while 循环的下一条语句。

4.2 do-while 语句

do-while 语句的作用是实现"直到型"循环，特点是先执行循环体，然后判断循环条件是否成立。其一般形式如下：

```
do
{
    循环体语句
      }
while(表达式);
```

对同一个问题，既可以用 while 语句处理，也可以用 do-while 语句处理，但是这两个语句是有区别的。例如：

```
do
{
    sum=sum+i;
    i++;
      }
while(i<=10);
```

与上面的 while 语句不同，do-while 语句是先执行循环体语句，后判断条件，当 i<=10 时，再执行循环体语句。

4.3 for 语句及用法

C 语言中的 for 语句使用最为灵活，不仅可以用于循环次数已经确定的情况，而且可以用于循环次数不确定而只给出循环结束条件的情况。for 语句的一般形式如下：

```
for（表达式 1;表达式 2;表达式 3）  语句
```

其执行过程流程图如图 4-3 所示。

图 4-3 for 语句执行流程图

例如：

```
for(i=1;i<=100;i++)
    sum=sum+i;
```

执行过程如下：

（1）先求解表达式 1，i=1。

（2）求解表达式 2，判断 i 是否小于等于 100，其值为真，则执行 for 语句中指定的内嵌语句（sum=sum+i;），然后执行第 3 步；如果为假，则结束循环。

（3）求解表达式 3，i 值加 1。

（4）转回上面的第 2 步，再一次判断 i<=100 是否成立。重复上述过程。

for 语句典型应用是这样一种形式：

```
for(循环变量初值;循环条件;循环变量增值)
{
    语句
}
```

例如：

```
for(j=0;j<125;j++)
    {;}
```

执行程序时，首先执行 j=0，然后判断 j 是否小于 125，如果小于 125 则去执行循环体（这里循环体没有做任何工作），然后执行 j++，执行完后再去判断 j 是否小于 125。如此不断循环，直到条件不满足（j>=125）为止。

也可以用 while 语句来改写，如下所示。

```
j=0;
while(j<125)
{ j++; }
```

可见，用 for 语句更简单、更方便。

使用 for 语句应注意：

（1）for 语句中的"表达式 1"可以省略，但后面的分号不能省略。

（2）for 语句中的"表达式 2"也可以省略，即不设置循环条件，此时循环无终止地进行下去，也就是认为表达式 2 始终为真，程序进入无限循环状态。

（3）for 语句中的"表达式 3"也可以省略，但要设法保证循环能正常结束，即在另外的地方设置。

（4）甚至可以将 3 个表达式都省略，即形成如 for(;;)的形式，它的作用相当于 while(1)，即构成一个无限循环的过程。其形式如下：

```
for(;;)
{
    ...
}
```

4.4　break、continue 语句及用法

1. break 语句

在一个循环程序中，可以通过循环语句中的表达式来控制循环程序是否结束，除此之外，还可以通过 break 语句强行退出循环结构。break 语句的一般形式如下：

```
break;
```

其作用是使流程跳到循环体之外，接着执行循环体下面的语句。

注意：break 语句只能用于循环语句和 switch 语句之中，而不能单独使用。

2. continue 语句

continue 语句的用途是结束本次循环，即跳过循环体中下面的语句，接着进行下一次是否执行循环的判定。continue 语句的一般形式如下：

```
continue;
```

3. continue 语句与 break 语句区别

（1）continue 语句只结束本次循环，而不是终止整个循环的执行；
（2）break 语句则结束整个循环过程，不会再去判断循环条件是否满足。

4.5　循环的嵌套

如果一个循环体内又包含另一个完整的循环结构，则称为循环的嵌套。内嵌的循环中还可以嵌套循环，这就是多层循环。C 语言中的三种循环语句可以相互嵌套。

（1）用二重 for 语句构成两级循环嵌套延时函数。

```
void delayms(uint xms)          //延时函数
    {
        uint i,j;
            for(i=xms;i>0;i--)
                for(j=110;j>0;j--);
            }
```

（2）用 while 语句和 for 语句的形式构成两级循环嵌套延时函数。

```
void delayms(uint16 ms)         //延时程序
{
    uint8 iiy;
    while(ms--)
    {
        for(iiy = Null;iiy < 125;iiy++);
    }
}
```

或者另外写成如下形式：

```
/*延时子程序*/
void mdelay(uint delay)
{   uint i;
    for(;delay>0;delay--)
        {for(i=0;i<62;i++) //1ms 延时
            {;}
        }
}
```

4.6 任务实现

任务 4.1：用循环语句求和

要求：求 1+2+3+…+50。

（1）采用 while 循环语句实现。
（2）采用 do-while 循环语句实现。
（3）采用 for 循环语句实现。

源程序如下：

（1）采用 while 循环语句实现。

```
/****************************************************************
*@File        chapter 4-1-1.c
*@Function    1+2+3+……+50.
*****************************************************************/
#include <stdio.h>              //预处理命令
#include <reg51.h>
void main()                     //定义主函数
{
    int i=1,sum=0;              //定义变量 i 和 sum, 并赋初值
    SCON=0x52;                  //串行口初始化, 打开显示窗口
    TMOD=0x20;
    TH1=0xf3;
    TR1=1;
    while(i<=50)                //当 i<=50 的值为真时, 执行循环体
    {
        sum=sum+i;              //进行累加
        i++;                    //i 值加 1
    }
    printf("sum=%d\n",sum);     //输出累加和
    while(1);                   //空循环, 程序暂停
}
```

（2）采用 do-while 循环语句实现。

```
/*****************************************************************
*@File         chapter 4-1-2.c
*@Function     1+2+3+……+50
*****************************************************************/
#include <stdio.h>              //预处理命令
#include <reg51.h>
void main()                     //定义主函数
{
    int i=1,sum=0;              //定义变量 i 和 sum，并赋初值
    SCON=0x52;                  //串行口初始化，打开显示窗口
    TMOD=0x20;
    TH1=0xf3;
    TR1=1;
     do                         //进入 do-while 循环语句
     {
      sum=sum+i;                //进行累加
      i++;                      //i 值加 1
     }
       while(i<=50);            //当 i <= 50 的值为真时执行循环体
    printf("sum=%d\n",sum);     //输出累加和
    while(1);                   //空循环，程序暂停
}
```

（3）采用 for 循环语句实现。

```
/*****************************************************************
*@File         chapter 4-1-3.c
*@Function     1+2+3+……+50.
*****************************************************************/
#include <stdio.h>              //预处理命令
#include <reg51.h>
void main()                     //定义主函数
{
    int i,sum=0;                //定义变量 i 和 sum，并赋初值
    SCON=0x52;                  //串行口初始化，打开显示窗口
    TMOD=0x20;
    TH1=0xf3;
    TR1=1;
    for(i=1;i<=50;i++)          //进入 for 循环
     sum=sum+i;                 //进行累加
       printf("sum=%d\n",sum);  //输出累加和
        while(1);               //空循环，程序暂停
}
```

打开 Keil 软件，按上机调试与运行步骤调试运行程序，其运行显示结果如图 4-4 所示。

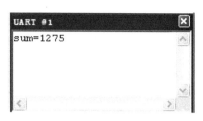

图 4-4　运行显示结果

任务 4.2：用循环语句排序

要求：输入五个整数，按由小到大的顺序排序，并找出其中的最大数和最小数。要求用 for 循环语句使程序能连续排序三次。

源程序如下：

```c
/****************************************************************
*@File        chapter 4-2.c
*@Function    输入五个整数，按由小到大的顺序输出，
             并找出最大数和最小数，要求连续排序三次
****************************************************************/
#include<reg51.h>                            //预处理命令
#include<stdio.h>
void main()                                  //定义主函数
 {
   int a,b,c,d,e,t,max,min,num;              //定义变量
    SCON=0x52;                               //串行口初始化，打开显示窗口
    TMOD=0x20;
    TH1=0xf3;
    TR1=1;
for(num=0;num<3;num++)                       //进入 for 循环控制排序次数
{
    printf("please input a ,b,c,d and e :\n");  //输出提示信息
    scanf("%d,%d,%d,%d,%d",&a,&b,&c,&d,&e);  //输入五个整数
    printf("\n");
 if(a>b)                                     //进行排序判断
    {t=a;a=b;b=t;}
 if(a>c)
    {t=a;a=c;c=t;}
 if(a>d)
    {t=a;a=d;d=t;}
 if(a>e)
    {t=a;a=e;e=t;}
 if(b>c)
    {t=b;b=c;c=t;}
 if(b>d)
    {t=b;b=d;d=t;}
 if(b>e)
```

```
        {t=b;b=e;e=t;}
   if(c>d)
        {t=c;c=d;d=t;}
   if(d>e)
        {t=d;d=e;e=t;}
   printf("%d,%d,%d,%d,%d",a,b,c,d,e);        //输出排序结果
   max=e;
   min=a;
   printf("   max=%d,min=%d\n",max,min);       //输出最大数与最小数
 }
   while(1);                                    //空循环,程序暂停
 }
```

打开 Keil 软件,按上机调试与运行步骤调试运行程序,其运行显示结果如图 4-5 所示。

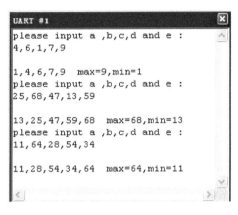

图 4-5 运行显示结果

任务 4.3：用循环语句进行大、小写字母转换

要求：编写一段程序,完成大、小写字母转换,要求用 while(1){}语句使程序能进入无限循环转换。

源程序如下：

```
/*****************************************************************
*@File        chapter 4-3.c
*@Function    大、小写字母转换,要求程序能无限循环转换
*****************************************************************/
#include <reg51.h>                            //预处理命令
#include <stdio.h>
void main( )                                  //定义主函数
{
    char ch;                                  //定义变量
    SCON=0x52;                                //串行口初始化,打开显示窗口
    TMOD=0x20;
    TH1=0xf3;
    TR1=1;
```

```
            while(1)                              //进入无限循环
              {
                printf("please input ch :\n");    //输出提示信息
                scanf(" %c",&ch);                 //输入字符
                printf("\n");                     //换行
                ch=(ch>='A' && ch<='Z') ? (ch+32) : ch;   //条件表达式
                printf("%c\n",ch);                //输出转换结果
              }
            }
```

打开 Keil 软件，按上机调试与运行步骤调试运行程序，其运行显示结果如图 4-6 所示。

图 4-6 运行显示结果

任务 4.4：输出被 5 整除的数

要求：在电脑屏上输出 100～200 之间能被 5 整除的数，要求每行输出 5 个数据。

编程思路：

（1）对 100～200 之间的每一个整数进行检查。

（2）如果能被 5 整除，输出；否则不输出。

（3）无论是否输出此数，都要接着检查下一个数（直到 200 为止）。

源程序如下：

```
/*****************************************************************
 *@File       chapter 4-4.c
 *@Function   输出 100～200 之间能被 5 整除的数，要求每行输出 5 个数
 *****************************************************************/
#include <reg51.h>
#include <stdio.h>                        //预处理命令
void main( )                              //定义主函数
{
        int n,num;                        //定义变量
        SCON=0x52;                        //串行口初始化，打开显示窗口
        TMOD=0x20;
        TH1=0xf3;
        TR1=1;
        for(n=100;n<=200;n++)
        {   if (n%5!=0)continue;          //n 不能被 5 整除，则结束本次循环
```

```
            printf("%d   ",n);           //输出 n
            num++;                        //输出个数加 1
            if(num%5==0)printf("\n");     //输出满 5 个数换行
        }
        while(1);                         //空循环，程序暂停
    }
```

打开 Keil 软件，按上机调试与运行步骤调试运行程序，其运行显示结果如图 4-7 所示。

图 4-7 运行显示结果

任务 4.5：素数判断

要求：输入大于 3 的整数，判断它是否为素数。要求用 for(;;){}语句使程序能进入无限循环判断。

编程思路：使 n 被 i 除（i 的值为 2～(n-1)），如果 n 能被 2～(n-1)中的任意一个整数整除，则表示 n 不是素数，不用再往下继续被后面的整数除了，提前结束循环。此时，i 的值必须小于 n。如果 n 只能被自身整除，则表示 n 是素数。

源程序如下：

```
/*****************************************************************
*@File         chapter 4-5.c
*@Function     素数判断
*****************************************************************/
#include <reg51.h>                      //预处理命令
#include <stdio.h>
void main()                             //定义主函数
 {
    int n,i,num=0;                      //定义变量
    SCON=0x52;                          //串行口初始化，打开显示窗口
    TMOD=0x20;
    TH1=0xf3;
    TR1=1;
 for(;;)                                //进入无限循环
    {
    printf("please enter a integer number,n=?\n");
    scanf("%d",&n);
    for (i=2;i<=n-1;i++)                //for 循环 2～(n-1)
    if(n%i==0) break;                   //n 能被 2～(n-1)间的一个数整除，则提前结束 for 循环
    if(i<n) printf("%d is not a prime number.\n",n);  //i<n, 循环结束后检查 i
```

```
            else printf("%d is a prime number.\n",n);    //i=n, n 只能被自身整除,则是素数
        }
    }
```

打开 Keil 软件,按上机调试与运行步骤调试运行程序,其运行显示结果如图 4-8 所示。

图 4-8 运行显示结果

任务 4.6:用循环语句进行闰年判断

要求:编写一段程序,判断某一年是否为闰年。要求用 for(;;){}语句使程序能进入无限循环判断,若遇到 2017 年,则终止循环。

源程序如下:

```
/******************************************************************
*@File       chapter 4-6.c
*@Function   闰年判断
******************************************************************/
#include <reg51.h>                  //预处理命令
#include <stdio.h>
void main()                         //定义主函数
{
    int year;                       //定义变量
    SCON=0x52;                      //串行口初始化,打开显示窗口
    TMOD=0x20;
    TH1=0xf3;
    TR1=1;
    for(;;)                         //大循环,等价于 while(1){}语句
    {
        printf("please input year:\n");  //输出信息提示
        scanf("%d",&year);          //输入年份
        if((year%4==0 && year%100!=0) || (year%400==0))   //判断是否是闰年
        printf("%d is a leap year.\n",year);              //输出结果
        else printf("%d is not a leap year.\n",year);
        if(year==2017)break;        //遇 2017 年终止循环
    }
    while (1);
}
```

打开 Keil 软件,按上机调试与运行步骤调试运行程序,其运行显示结果如图 4-9 所示。

图 4-9 运行显示结果

任务 4.7：输出矩阵

要求：输出以下 3×3 的矩阵。

    1   2   3
    2   4   6
    3   6   9

编程思路：
（1）可以用循环的嵌套来处理此问题；
（2）用外循环来输出一行数据；
（3）用内循环来输出一列数据；
（4）按矩阵的格式（每行 3 个数据）输出。

源程序如下：

```c
/***************************************************************
*@File        chapter 4-7.c
*@Function    输出 3 * 3 的矩阵
***************************************************************/
#include <reg51.h>              //预处理命令
#include <stdio.h>
void main()                     //定义主函数
{
    int i, j, n = 0;            //定义变量
    SCON=0x52;                  //串行口初始化，打开显示窗口
    TMOD=0x20;
    TH1=0xf3;
    TR1=1;
    for (i = 1; i <= 3; i++)    //外循环控制行数
    for (j = 1; j <= 3; j++, n++)  //内循环控制列数
    {
        if (n % 3 == 0) printf("\n");
            printf("%d\t", i*j);
    }
    printf("\n");
```

```
        while (1);                    //空循环，程序暂停
    }
```

打开 Keil 软件，按上机调试与运行步骤调试运行程序，其运行显示结果如图 4-10 所示。

图 4-10 运行显示结果

4.7 工程应用——LED 灯闪烁

1. 任务描述

在前面的项目应用中，已经点亮了一个或多个发光二极管，但在实际应用中，信号灯、汽车转弯灯、霓虹灯等通常要求按照闪烁方式点亮，即 LED 灯按一定的速度亮、灭、亮、灭……不断交替进行动作。

现要求用 C 语言编程，采用键盘、LED 显示实验仿真板做硬件平台，在项目 2 的基础上，让一个 LED 灯闪烁起来。

2. 编写 C 程序

编程思路：LED 灯闪烁实际上就是 LED 灯亮、灭交替过程。由于 CPU 运行一条指令的时间非常短，在人的眼睛还没有分辨出亮、灭状态时，CPU 又将执行下一条指令。

一种理想的情况是让闪烁速度慢下来，让肉眼分辨清楚后，再做下一个动作。一种简单而行之有效的方法，是在程序中让 CPU 执行一段与 LED 灯亮灭毫不相干的指令，其目的只是为了拖延时间，让 LED 灯亮、灭的时间能够延长，最终让人的眼睛能看清楚 LED 灯的亮状态和灭状态。

常用的方法是采用循环语句及循环嵌套方式完成。以下几种循环嵌套方式均可以实现延时要求。

方法 1：for-for 循环嵌套

```
    {
        int i,j;                      //定义变量
        for (i=5000;i>0;i--)          //二重 for 循环延时
            for(j=110;j>0;j--);
    }
```

方法 2：while-for 循环嵌套

```
    {
        int n=1000,j;                 //定义变量
```

```
            while(n--)              //while-for 循环延时
                for (j=110;j>0;j--);
    }
```

方法 3：循环语句嵌套延时函数

```
    {
        int i;                      //定义变量
        for (i=5000;i>0;i--)        //for 循环里嵌套 nop()延时函数
            {
                _nop_();            //延时 1μs
                _nop_();
                _nop_();
            }
    }
```

在本任务中，使用 P1 端口的 P1.4 来控制单个发光二极管 LED1 闪烁。
源程序如下：

```
/*****************************************************************
*@File        chapter 4-8.c
*@Function    单灯闪烁
*****************************************************************/
#include <reg51.h>                  //预处理命令
sbit LED1 = P1 ^ 4;                 //定义 LED1
void main()                         //定义主函数
{
    int i, j;                       //定义变量
    while (1)                       //大循环
    {
        LED1 = 0;                   //LED1 亮
        for (i = 5000; i>0; i--)    //二重 for 循环延时
            for (j = 110; j>0; j--);
        LED1 = 1;                   //LED1 灭
        for (i = 5000; i>0; i--)    //二重 for 循环延时
            for (j = 110; j>0; j--);
    }
}
```

3. 上机调试与仿真

（1）打开 Keil 软件，建立工程；
（2）输入源程序，使源程序编译连接正确；
（3）使程序进入调试状态；
（4）调出键盘、LED 显示实验仿真板；
（5）采用单步（Step）或连续（Run）执行键运行程序，其仿真结果如图 4-11 所示。

```
 1 /******************************************
 2 *@File        chapter 4-8.c
 3 *@Function    单灯闪烁
 4 ******************************************
 5 #include <reg51.h>      //预处理命令
 6 sbit LED1 = P1 ^ 4;     //定义LED1
 7 void main()             //定义主函数
 8 {
 9     int i, j;           //定义变量
10     while (1)           //大循环
11     {
12         LED1 = 0;                       //LED1亮
13         for (i = 5000; i>0; i--)        //二重for循环延时
14             for (j = 110; j>0; j--);
15         LED1 = 1;                       //LED1灭
16         for (i = 5000; i>0; i--)        //二重for循环延时
17             for (j = 110; j>0; j--);
18     }
19 }
```

图 4-11 仿真结果

循环结构是程序设计中非常重要的程序结构,需要读者熟练掌握 while 语句、do-while 语句、for 语句的结构形式及控制过程,能熟练运用这三种循环语句进行循环结构程序设计。在本项目的最后,通过用 C 语言编程实现 LED 灯闪烁,进一步认识了循环结构在工程中的实际应用。

1. 请上机调试,完成本项目任务 4.1~任务 4.7。
2. 编写一个 C 程序,在电脑屏上重复三次输出以下图案。

```
        *
       * *
      *   *
       * *
        *
```

(1) 采用 while 循环语句实现;
(2) 采用 do-while 循环语句实现;
(3) 采用 for 循环语句实现。

3. 请用 C 语言编程,利用仿真实验板作为硬件平台,实现 8 个发光二极管同时亮、灭闪烁,要求程序能进入无限循环。

项目 5 数组及应用

教学目的
- 熟练掌握一维数组的定义及应用；
- 熟练掌握二维数组的定义及应用；
- 熟练掌握字符数组的定义及应用；
- 学会使用数组处理批量数据。

重点和难点
- 一维数组的定义及应用；
- 二维数组的定义及应用；
- 字符数组的定义及应用。

任务 5.1：冒泡法排序
任务 5.2：定义矩阵找最大数
任务 5.3：输出字符串
任务 5.4：输出菱形图案

5.1 一维数组及应用

在程序设计中，为了处理方便，可以把具有相同类型的若干数据按有序的形式组织起来。这些按序排列的同类数据元素的集合称为数组。数组必须由具有相同数据类型的元素构成，这些数据的类型就是数组的基本类型，如数组中的所有元素都是整型，则该数组称为整型数组；如所有元素都是字符型，则该数组称为字符型数组。

1. 一维数组定义

数组又分为一维数组、二维数组和多维数组。数组必须先定义、后使用。定义一维数组的一般形式为

类型符 数组名[常量表达式];

类型符是任一种基本数据类型，数组名是用户定义的数组标识符，遵循标识符的命名规则，方括号中的常量表达式表示数据元素的个数。例如：

```
int a[10];   //定义一维数组
```

表示定义了一个整型一维数组，数组名为 a，此数组有 10 个整型元素。

定义好数组后，可以通过数组名[常量表达式] 来使用数组元素，如上面的一维数组中的 10 个元素是 a[0]、a[1]、a[2]、a[3]、a[4]、a[5]、a[6]、a[7]、a[8]、a[9]。

注意：数组中的元素下标从 0 开始，不是从 1 开始。

2. 一维数组初始化

在定义一维数组的同时，可以对数组元素进行初始化，即给其赋予初值，可以用以下的一些方法实现。

（1）在定义数组时对数组的全部元素赋予初值，例如：

```
int a[5]={-9,12,74,35,69};
```

上面数组中的 5 个元素分别是 a[0]=-9、a[1]=12、a[2]=74、a[3]=-35、a[4]=69。此时，由于数据的个数已经确定，因此可以不指定数组长度。上面的数组可以改写成如下形式：

```
int a[]={-9,12.74,35,69};
```

（2）只对数组的部分元素初始化，例如：

```
int a[5]={-9,12};
```

上面定义的 a 数组共有 5 个元素，但只对前两个元素赋初值，因此 a[0]和 a[1]的值是-9、12，而后面 3 个元素的值全是 0。

（3）在定义数组时对数组元素的全部元素不赋初值，则数组元素值均被初始化为 0。

5.2 二维数组及应用

二维数组又称矩阵形式，即写成行和列的排列形式，有两个下标。在有些场合采用二维数组来处理数据会更加方便。

1. 二维数组定义

定义二维数组的一般形式为

```
类型符 数组名[常量表达式] [常量表达式];
```

例如：

```
int a[3][4];//定义二维数组
```

表示定义了一个整型二维数组，数组名为 a，此数组有 12 个整型元素，排成 3 行 4 列形式，分别为

a[0][0]、a[0][1]、a[0][2]、a[0][3]
a[1][0]、a[1][1]、a[1][2]、a[1][3]
a[2][0]、a[2][1]、a[2][2]、a[2][3]

2. 二维数组初始化

在定义二维数组的同时，也可以对数组元素进行初始化，例如：

```
int a[3][5]={
            {11,22,33,44,55},
            {66,77,88,99,110},
            {120,130,140,150,160}
            };
```

也可以写成如下形式：

```
int a[3][5]={11,22,33,44,55,66,77,88,99,110,120,130,140,150,160};
```

注意：如果对全部元素都赋初值，则定义二维数组时下标 1 可以省略，但下标 2 不能省略。如上面的二维数组与下面的定义等价：

```
int a[][5]={11,22,33,44,55,66,77,88,99,110,120,130, 140,150,160};
```

5.3 字符数组及应用

用来存放字符数据的数组是字符数组，字符数组中的一个元素存放一个字符。由于在 C 语言中没有专门的字符串变量，通常用一个字符数组来存放一个字符串。字符串常量是指用一对双引号括起来的一串字符，字符串形式的数据在现实生活中应用较广泛。

1. 字符数组定义

定义字符数组的一般形式与定义数值数组的一般形式类似。例如：

```
char c[5];
```

表示定义了一个一维字符数组，数组名为 c，此数组有 5 个字符元素，5 个字符元素分别是 c[0]、c[1]、c[2]、c[3]、c[4]。

2. 字符数组初始化

定义字符数组的同时可以对其元素进行初始化，对字符数组初始化可以用以下两种方法实现。

（1）定义字符数组并以单个字符方式初始化。例如：

```
char c[5]={'C','h','i','n','a'};
```

上面字符数组中的 5 个元素分别是 c[0]= 'C'、c[1]= 'h'、c[2]='i'、c[3]='n'、c[4]='a'。此时，由于字符的个数已经确定，因此可以不指定数组长度，上面的字符数组可以改写成如下形式：

```
char c[]={'C','h','i','n','a'};
```

（2）定义字符数组并以字符串方式初始化。例如：

```
char c[]={"China"};
```

也可以直接将括号省略，写成如下形式：

```
char c[]="China";
```

很显然，用字符串方式初始化比用单个字符初始化要方便快捷许多，在字符数组应用中经常用到。

3. 字符数组的输入/输出

字符数组的输入/输出可以用以下两种方法。

（1）按单个字符形式逐个输入或输出，用格式符"%c"输入或输出一个字符；

（2）按字符串形式一次输入或输出，用格式符"%s"将整个字符串一次性输入或输出。

5.4 任务实现

任务 5.1：冒泡法排序

要求：定义一个一维数组，数据长度为 10，用冒泡法将这 10 个整数按由小到大的顺序排序。

（1）采用赋值语句对数组中的各元素初始化；

（2）采用键盘输入数组中的各元素。

编程思路：排序方法很多，读者在项目 3 中已经遇到过，采用的方法是设定多个变量，用 if-else 语句对相邻两数进行两两比较实现，该方法在数据较多的场合过于烦琐、不太适用。引入数组和循环控制相结合的方式，将会使程序更加简洁、紧凑，大大提高编程效率。

冒泡法的排序思路：对数组中的 10 个元素不断进行相邻两数两两比较。从头到尾比第一趟，第一个数和第二个数进行比较，若前数大于后数，则将两数位置交换，再比较第二个数和第三个数，若前数还是大于后数，则将两数位置交换。以此类推，直至最后两个数比较完为止，将最大数排在最后；然后进行第二趟比较，即对前 9 个数再依次进行相邻两数两两比较，将第二大数排在倒数第二位置；以此类推，直至 10 个数的位置全部排好。

总结上述排序过程可知，如果有 n 个数，则要进行 n-1 趟比较，在第 j 趟中，又要进行 n-j 次相邻两数两两比较。可以采用二重 for 循环实现控制——外层循环控制趟数，内层循环控制次数。

以下面 5 个数为例，说明冒泡法排序过程，如图 5-1 所示。

```
64  52   5  98  16    原始数据位置
52   5  64  16  98    第一趟排序位置
 5  52  16  64  98    第二趟排序位置
 5  16  52  64  98    第三趟排序位置
 5  16  52  64  98    第四趟排序位置
```

图 5-1 冒泡法排序过程

源程序如下：

（1）采用赋值语句对数组中的各元素初始化。

```
/****************************************************************
*@File        chapter 5-1-1.c
*@Function    按由小到大的顺序排序
****************************************************************/
#include <reg51.h>
#include <stdio.h>
void main( )
 {
    int i, j, t;                                //定义变量
    int a[10]={8,34,92,5,75,12,-17,44,29,51};   //定义一维数组并初始化
    SCON=0x52;                                  //串行口初始化,打开显示窗口
    TMOD=0x20;
    TH1=0xf3;
    TR1=1;
    for(j=0;j<9;j++)                            //外层 for 循环进行 n-1 趟比较
      for(i=0;i<9-j;i++)                        //内层 for 循环进行 n-j 次两两比较
         if (a[i]>a[i+1])                       //相邻两数比较,若前数大于后数,则交换
           {t=a[i];a[i]=a[i+1];a[i+1]=t;}
    printf("the sorted numbers :\n");           //输出信息提示
      for(i=0;i<10;i++)                         //for 循环输出排序结果
        printf("%d   ",a[i]);
          printf("\n");
            while(1);                           //空循环,程序暂停
 }
```

打开 Keil 软件,按上机调试与运行步骤调试运行程序,其运行显示结果如图 5-2 所示。

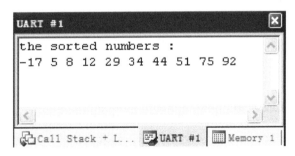

图 5-2 运行显示结果

(2)采用键盘输入数组中的各元素。

```
/****************************************************************
*@File        chapter 5-1-2.c
*@Function    按由小到大的顺序排序
****************************************************************/
#include <reg51.h>
#include <stdio.h>
void main( )
 {
    int i, j, t;                                //定义变量
```

```
        int a[10];                              //定义一维数组
        SCON=0x52;                              //串行口初始化,打开显示窗口
        TMOD=0x20;
        TH1=0xf3;
        TR1=1;
        printf("please input 10 numbers :\n");  //输出提示信息
         for(i=0;i<10;i++)                      //for 循环,通过键盘输入 10 个元素
          scanf("%d",&a[i]);
           printf("\n");
        for(j=0;j<9;j++)                        //外层 for 循环进行 n-1 趟比较
         for(i=0;i<9-j;i++)                     //内层 for 循环进行 n-j 次两两比较
            if (a[i]>a[i+1])                    //相邻两数比较,若前数大于后数,则交换
              {t=a[i];a[i]=a[i+1];a[i+1]=t;}
        printf("the sorted numbers :\n");       //输出排序结果
         for(i=0;i<10;i++)
            printf("%d ",a[i]);
             printf("\n");
              while(1);                         //空循环,程序暂停
        }
```

打开 Keil 软件,按上机调试与运行步骤调试运行程序,其运行显示结果如图 5-3 所示。

图 5-3 运行显示结果

任务 5.2:定义矩阵找最大数

要求:用二维数组定义一个 3 行 4 列的矩阵,要求找出其中的最大数,并记下其行号和列号。

(1)采用赋值语句对数组中的各元素初始化;
(2)采用键盘输入数组中的各元素。

源程序如下:

(1)采用赋值语句对数组中的各元素初始化。

```
/****************************************************************
*@File         chapter 5-2-1.c
*@Function     找最大数
****************************************************************/
#include <reg51.h>
#include <stdio.h>
```

```
void main( )
{
   int i,j,row=0,colum=0,max;              //定义变量
   int a[3][4]={{16,24,-37,54},
               {79,80,73,60},
               {-20,98,-57,29}};           //定义二维数组并赋初值
   SCON=0x52;                              //串行口初始化,打开显示窗口
   TMOD=0x20;
   TH1=0xf3;
   TR1=1;
   max=a[0][0];                            //把第一个数 a[0][0]认做最大数
   for (i=0;i<=2;i++)                      //外循环控制行数
     for (j=0;j<=3;j++)                    //内循环控制列数
        if (a[i][j]>max)                   //如果某元素大于 max,就取代 max 的原值
          {max=a[i][j];
           row=i;                          //记下行号
           colum=j;                        //记下列号
          }
   printf("max=%d\nrow=%d\ncolum=%d\n",max,row,colum);  //输出结果
   while(1);                               //空循环,程序暂停
}
```

打开 Keil 软件,按上机调试与运行步骤调试运行程序,其运行显示结果如图 5-4 所示。

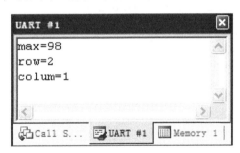

图 5-4 运行显示结果

(2)采用键盘输入数组中的各元素。

```
/****************************************************************
*@File      chapter 5-2-2.c
*@Function  找最大数
****************************************************************/
#include <reg51.h>
#include <stdio.h>
void main( )
{
   int i,j,row=0,colum=0,max;              //定义变量
   int a[3][4];                            //定义二维数组
   SCON=0x52;                              //串行口初始化,打开显示窗口
   TMOD=0x20;
```

```
            TH1=0xf3;
            TR1=1;
            printf("please input   numbers :\n");        //输出提示信息
             for(i=0;i<=2;i++)                           //二重 for 循环，通过键盘输入 10 个元素
               for(j=0;j<=3;j++)
                scanf("%d",&a[i][j]);
                printf("\n");
                max=a[0][0];                             //把第一个数 a[0][0]认做最大数
            for (i=0;i<=2;i++)                           //外循环控制行数
              for (j=0;j<=3;j++)                         //内循环控制列数
                if (a[i][j]>max)                         //如果某元素大于 max，就取代 max 的原值
                   {max=a[i][j];
                    row=i;                               //记下行号
                    colum=j;                             //记下列号
                   }
            printf("OK! result is:\n");
            printf("max=%d\nrow=%d\ncolum=%d\n",max,row,colum);    //输出结果
             while(1);                                   //空循环，程序暂停
                   }
```

打开 Keil 软件，按上机调试与运行步骤调试运行程序，其运行显示结果如图 5-5 所示。

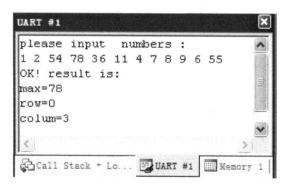

图 5-5　运行显示结果

任务 5.3：输出字符串

要求：在电脑屏上输出以下字符串信息。

I am a student.

（1）采用单个字符方式初始化；
（2）采用字符串方式初始化，并用格式符%c 输出；
（3）采用字符串方式初始化，并用格式符%s 输出。

源程序如下：

（1）采用单个字符方式初始化。

```
/*************************************************************
*@File       chapter 5-3-1.c
```

```
 *@Function    输出字符串
 *****************************************************************/
#include <reg51.h>
#include <stdio.h>
void main( )
  {
     int i;                              //定义变量
     char c[15]={'I',' ','a','m',' ','a',' ','s','t','u','d','e','n','t','.'};
                                         //定义字符数组并以单个字符方式初始化
     SCON=0x52;                          //串行口初始化,打开显示窗口
     TMOD=0x20;
     TH1=0xf3;
     TR1=1;
        for(i=0;i<15;i++)                //for循环按单个字符形式逐个循环输出
           printf("%c",c[i]);
             printf("\n");
               while(1);                 //空循环,程序暂停
  }
```

（2）采用字符串方式初始化,并用格式符%c输出。

```
/*****************************************************************
 *@File       chapter 5-3-2.c
 *@Function    输出字符串
 *****************************************************************/
#include <reg51.h>
#include <stdio.h>
void main( )
  {
     int i;                              //定义变量
     char c[] = "I am a student.";       //定义字符数组并以字符串方式初始化
     SCON=0x52;                          //串行口初始化,打开显示窗口
     TMOD=0x20;
     TH1=0xf3;
     TR1=1;
        for(i=0;i<15;i++)                //for循环按字符形式逐个循环输出
           printf("%c",c[i]);            //用格式符%c输出
             printf("\n");
               while(1);                 //空循环,程序暂停
  }
```

（3）采用字符串方式初始化,并用格式符%s输出。

```
/*****************************************************************
 *@File       chapter 5-3-3.c
 *@Function    输出字符串
 *****************************************************************/
```

```
#include <reg51.h>
#include <stdio.h>
void main( )
 {
   char c[]="I am a student.";        //定义字符数组并以字符串方式初始化
   SCON=0x52;                          //串行口初始化,打开显示窗口
   TMOD=0x20;
   TH1=0xf3;
   TR1=1;
   printf("%s",c);                     //用格式符%s 将整个字符串一次输出
   printf("\n");
   while(1);                           //空循环,程序暂停
 }
```

打开 Keil 软件,按上机调试与运行步骤调试运行程序,其运行显示结果如图 5-6 所示。

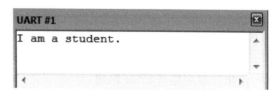

图 5-6 运行显示结果

任务 5.4:输出菱形图案

要求:在电脑屏上输出以下菱形图案。

(1)采用单个字符方式初始化。
(2)采用字符串方式初始化。
源程序如下:
(1)采用单个字符方式初始化。

```
/******************************************************************
*@File       chapter 5-4-1.c
*@Function   输出菱形图案
******************************************************************/
#include <stdio.h>
#include <reg51.h>
void main()
 {
```

```
    int i,j;                              //定义变量
    char diamond[][7] = {
                    {' ',' ',' ','*',' ',' ',' '},
                    {' ',' ','*',' ','*',' ',' '},
                    {' ','*',' ',' ',' ','*',' '},
                    {'*',' ',' ',' ',' ',' ','*'},
                    {' ','*',' ',' ',' ','*',' '},
                    {' ',' ','*',' ','*',' ',' '},
                    {' ',' ',' ','*',' ',' ',' '}
                  };                      //定义二维字符数组并初始化
    SCON=0x52;                             //串行口初始化,打开显示窗口
    TMOD=0x20;
    TH1=0xf3;
    TR1=1;
    for (i=0;i<7;i++)                      //外层 for 循环控制行数
    {
         for (j=0;j<7;j++)                 //内层 for 循环控制列数
         printf("%c",diamond[i][j]);
         printf("\n");
    }
         while(1);                         //空循环,程序暂停
}
```

（2）采用字符串方式初始化。

```
/******************************************************************
*@File         chapter 5-4-2.c
*@Function     输出菱形图案
******************************************************************/
#include <stdio.h>
#include <reg51.h>
void main()
{
    int i,j;                              //定义变量
    char diamond[][7] = {
                    {"   *   "},
                    {"  ***  "},
                    {" ***** "},
                    {"*******"},
                    {" ***** "},
                    {"  ***  "},
                    {"   *   "}
                  };                      //定义二维字符数组并初始化
    SCON=0x52;                             //串行口初始化,打开显示窗口
    TMOD=0x20;
    TH1=0xf3;
    TR1=1;
```

```
        for (i=0;i<7;i++)                          //外层 for 循环控制行数
        {
            for (j=0;j<7;j++)                      //内层 for 循环控制列数
                printf("%c",diamond[i][j]);
            printf("\n");
        }
            while(1);                              //空循环，程序暂停
}
```

打开 Keil 软件，按上机调试与运行步骤调试运行程序，其运行显示结果如图 5-7 所示。

图 5-7　运行显示结果

5.5　工程应用——霓虹灯控制（1）

1. 任务描述

夜幕降临，华灯初上，各式各样的霓虹灯和电子广告牌把城市装扮得格外耀眼美丽。那么，霓虹灯是怎样工作的？显示花样又是如何编程实现的呢？

在项目 4 工程应用单灯闪烁的基础上，要求用 C 语言编程，采用键盘、LED 显示实验仿真板做硬件平台，使实验仿真板上的 8 个 LED 灯轮流依次循环点亮。即按以下顺序动作：

LED1（亮）→延时→LED1（灭）→延时→LED2（亮）→延时→LED2（灭）→延时→LED3（亮）→延时→LED3（灭）→延时→LED4（亮）→延时→LED4（灭）→延时→LED5（亮）→延时→LED5（灭）→延时→LED6（亮）→延时→LED6（灭）→延时→LED7（亮）→延时→LED7（灭）→延时→LED8（亮）→延时→LED8（灭）→延时→LED1（亮）…

2. 编写 C 程序

编程思路：先定义一个一维数组 table[8]，以十进制数形式存放 8 个 LED 灯依次点亮的显示花样，利用循环语句依次取一维数组中的元素，每取出一个元素，延时一段时间，熄灭后延时一段时间，再取下一个元素，再延时，再熄灭，再延时，以此循环下去，直到 8 个元素全部取完，又再从头开始循环即可。

源程序如下：

```c
/********************************************************************
* @ File:      chapter 5-5.c
* @ Function:  霓虹灯控制（1）
********************************************************************/
#include <reg51.h>                        //预处理命令
#define uint unsigned int
#define uchar unsigned char
uchar  Led_style[] = { 254,253,251,247,239,223,191,127};//定义一维数组霓虹灯花样（十进制数形式）
void main()                               //定义主函数
{
    uchar num;                            //定义下标变量
    uint i, j;                            //定义变量
    while (1)                             //大循环
    {
        for (num = 0; num<8; num++)       //for 循环控制
        {
            P1 = Led_style[num];          //取花样代码
            for (i = 5000; i>0; i--)      //二重 for 循环延时
                for (j = 110; j>0; j--);
        }
    }
}
```

程序说明：在上述程序中，Led_style[]一维数组中定义霓虹灯花样采用的是十进制数形式，也可以采用十六进制数形式。例如：

uchar   Led_style[] = { 0xfe,0xfd,0xfb,0xf7,0xef,0xdf,0xbf,0x7f};

还可以采用十进制反码取值方式，只是在取花样代码时，对代码再取一次反即可。例如：

uchar   Led_style[] = { 1, 2, 4, 8, 16, 32, 64, 128 };

程序段语句：

P1 = Led_style[num];   //取花样代码

修改成：

P1 = ~Led_style[num];   //取花样代码求反

请读者上机试试。

3. 上机调试与仿真

（1）打开 Keil 软件，建立工程；
（2）输入源程序，使源程序编译连接正确；
（3）使程序进入调试状态；
（4）调出键盘、LED 显示实验仿真板；
（5）采用单步（Step）或连续（Run）执行键运行程序，其仿真结果如图 5-8 所示。

```
4  /*********************************************************************/
5  #include <reg51.h>              //预处理命令
6  #define uint unsigned int
7  #define uchar unsigned char
8  uchar  Led_style[] = { 254,253,251,247,239,223,191,127};//定义一维数组霓虹灯花样（十进制数形式）
9  void main()                     //定义主函数
10 {
11     uchar num;                  //定义下标变量
12     uint i, j;                  //定义变量
13     while (1)                   //大循环
14     {
15         for (num = 0; num<8; num++)      //for循环控制
16         {
17             P1 = Led_style[num];         //取花样代码
18             for (i = 5000; i>0; i--)     //二重for循环延时
19                 for (j = 110; j>0; j--);
20         }
21     }
22 }
23
```

图 5-8　仿真结果

当然，也可以将霓虹灯的显示花样定义成二维数组（两行四列）形式，采用 for 循环语句循环嵌套实现。参考下面代码段修改源程序：

```
#include <reg51.h>                        //预处理命令
#define uint unsigned int
#define uchar unsigned char
uchar code Led_style[2][4] = { { 1, 2, 4, 8 },
                               { 16, 32, 64, 128 }};   //定义二维数组霓虹灯花样
void main()                                //定义主函数
{
    uchar num1,num2;                       //定义下标变量
    uint i, j;                             //定义变量
    while (1)                              //大循环
    {
        for (num1 = 0; num1<4; num1++)     //二重 for 循环嵌套控制
            for (num2 = 0; num2<4; num2++)
            {
                P1 = ~Led_style[num1][num2];   //取花样代码求反
                for (i = 5000; i>0; i--)       //二重 for 循环延时
                    for (j = 110; j>0; j--);
            }
    }
}
```

运行修改后的源程序，确定 8 个发光二极管依次循环点亮。

归纳与总结

数组是程序设计中常用的一种数据结构，特别在工程应用中，经常采用数组来定义一批数据。读者需要熟练掌握一维数组、二维数组和字符数组的定义和使用方法，理解数组不是

孤立的,在使用中数组总是和循环控制联系在一起的。排序问题是非常典型、非常重要的数组应用,读者应该花功夫掌握。在本项目的最后,通过用 C 语言编程实现霓虹灯控制,进一步认识了数组在工程中的实际应用。

1. 请上机调试,完成本项目任务 5.1~任务 5.11。
2. 现有 10 个学生的平均成绩如表所示,请用选择法编程实现 10 个学生成绩由低到高的顺序排序。要求学生成绩通过键盘输入。

| 76 | 54 | 89 | 92 | 33 | 16 | 95 | 67 | 60 | 48 |

3. 请重新定义霓虹灯花样,实现多种霓虹灯花样显示功能。
(1) 以十进制数形式定义;
(2) 以十六进制数形式定义。

项目6　函数及应用

教学目的
- 熟练掌握函数定义、调用和声明的方法；
- 熟练掌握函数的几种分类方法；
- 熟练掌握用户自定义函数的编写方法及位置；
- 熟练掌握函数的调用与嵌套调用方法；
- 掌握数组作为函数参数的方法；
- 了解并掌握全局变量和局部变量概念；
- 了解并掌握变量的存储方式。

重点和难点
- 函数定义、调用和声明的方法；
- 函数的参数及函数调用时参数传递；
- 用户自定义函数的编写方法及位置；
- 函数的调用与嵌套调用；
- 如何使用局部变量和全局变量。

项目任务

任务 6.1：用函数调用实现信息显示
任务 6.2：用函数调用实现比较两数大小
任务 6.3：用函数调用实现求两整数和
任务 6.4：用函数嵌套调用实现找五个整数中的最大和最小数
任务 6.5：用函数调用实现闰年判断
任务 6.6：用函数调用实现排序
任务 6.7：用函数调用实现求 10 个整数平均值
任务 6.8：用函数调用实现素数判断
任务 6.9：用函数调用实现输出九九乘法表
任务 6.10：输出 1 到 5 的阶乘值
任务 6.11：多文件形式实现学生分数等级判断

相关知识

6.1 函数定义、调用及声明

函数即功能，每一个函数是一个程序模块，用来实现一个特定的功能。

一个 C 程序是由一个主函数 main()和若干个其他函数构成的，由主函数 main()调用其他函数。其他函数也可以互相调用，但其他函数不能调用主函数 main()，主函数 main()是由系统调用的。同一个函数可以被一个或多个函数调用任意多次。

C 程序的执行总是从主函数 main()开始的，如果是在主函数 main()中调用其他函数，在调用完这些函数后，流程返回到主函数 main()处，在主函数 main()中结束整个程序的运行。

所有函数都是平行的，即在定义函数时是分别进行的，是互相独立，不分先后的。一个函数并不从属于另一个函数，即函数不能嵌套定义。

6.1.1 函数分类

（1）从函数定义的角度来看，函数分为两种，即库函数和用户自定义函数。

① 库函数：由 C 语言系统提供定义，用户不必自己定义而直接使用它们，如 scanf()、printf()等函数。读者要善于利用这些函数，以减少重复编写程序段的工作量。

② 用户自定义函数：需要用户自己定义，用以解决用户专门需要的特定功能的函数。如串行口的初始化 uart_init()函数、求两个数中的较大者 max()函数等。

（2）从主调函数和被调函数之间数据传送的角度来看，函数也可分为两种，即无参函数和有参函数。

① 无参函数：函数定义、说明及调用中均不带参数，主调函数和被调用函数之间不进行参数的传送。此类函数通常用来完成一组指定的功能，可以返回或不返回函数值。

② 有参函数：在函数定义及说明时都有参数，称为形式参数（简称形参）；在函数调用时也必须给出参数，称为实际参数（简称实参）。进行函数调用时，主调函数将把实参传送给形参，供被调函数使用。

（3）从有无返回值角度来看，函数又分为两种，即有返回值函数和无返回值函数。

① 有返回值函数：函数被调用执行完后，将向调用者返回一个执行结果，称为函数返回值。由用户定义的返回函数值的函数，必须在函数定义中明确返回值的类型。

② 无返回值函数：此类函数用于完成某项特定的处理任务，执行完成后不向调用者返回函数值。用户在定义此类函数时可指定它的返回为"空类型（void）"。

6.1.2 函数定义

（1）无参函数定义的一般形式

无参函数定义的一般形式为

```
类型名 函数名()
{
```

```
        声明部分
        语句部分
    }
```

或

```
    类型名  函数名(void)
    {
        声明部分
        语句部分
    }
```

其中，类型名指明本函数的类型，函数的类型实际上是函数返回值的类型，该类型名与前面介绍的各种说明符相同。在很多情况下都不要求无参函数有返回值，此时函数类型符可以写为 void。

函数名是由用户定义的标识符，函数名后有一个空括号或括号里写有 void，void 表示"空"，即其中无参数，但括号不可少。

{}中的内容称为函数体，函数体包括声明部分和语句部分。在函数体中声明部分是对函数体内部所用到的变量的类型说明，该声明部分可有可无。如下面定义的一个无参函数，函数类型为 void，由于没有用到其他变量，所以函数体中无声明部分。

```
    void print_message()
    {
        printf ("Hello, everyone ! \n");
    }
```

当这个无参函数被其他函数调用时，将输出"Hello，everyone ！"字符串。

（2）有参函数定义的一般形式

有参函数定义的一般形式为

```
    类型名  函数名(形式参数表列)
    {
        声明部分
        语句部分
    }
```

有参函数比无参函数多了一个内容，即形式参数表列。在形参表中给出的参数称为形式参数，它们可以是各种类型的变量，各参数之间用逗号间隔。在进行函数调用时，主调函数将赋予这些形式参数实际的值。形参既然是变量，必须在形参表中给出形参的类型说明。

例如，定义一个函数，用于求两个数中的较大数，可写为

```
    int max(int x, int y)
    {
        if (x>y) return x;
            else return y;
    }
```

第一行说明 max()函数是一个整型函数，其返回的函数值是一个整数。形参为 x、y，均为整型量。x、y 的具体值是由主调函数在调用时传送过来的。在{}中的函数体内，除形参外

没有使用其他变量,因此只有语句部分而没有声明部分。在 max()函数体中的 return 语句把 x (或 y)的值作为函数的值返回给主调函数。有返回值函数中至少应有一个 return 语句。

在 C 程序中,一个函数的定义可以放在任意位置,既可放在主函数 main()之前,也可放在 main()之后。但如果放在 main()之后,必须在主函数 main()中对该函数加以声明,关于这一点,将在函数声明部分介绍。

6.1.3 函数调用

(1)函数调用的一般形式
函数调用的一般形式为

> 函数名(实际参数表列)

实际参数表列中的参数可以是常数、变量或其他构造类型数据及表达式,如果实参表列中包含多个实参,则各实参之间用逗号分隔。对无参函数调用时则无实际参数表列。
(2)函数调用的方式
在 C 语言中,可以用以下三种方式调用函数。
① 函数表达式:函数作为表达式中的一项出现在表达式中,以函数返回值参与表达式的运算。这种方式要求函数是有返回值的。例如:

> z=max(a,b);

即是一个赋值表达式,把 max()函数的返回值赋予变量 z。
② 函数语句:函数调用的一般形式加上分号即构成函数语句,这是最常用的一种方式。例如:

> print_message();

即以函数语句的方式调用函数。这时不要求函数带返回值,只要求函数完成一定的操作。
③ 函数实参:函数作为另一个函数调用的实际参数出现。这种情况是把该函数的返回值作为实参进行传送,因此要求该函数必须有返回值。例如:

> m=max(max(a,b),c);

即把 max(a,b)调用的返回值又作为 max()函数的实参来使用,经过赋值后,m 的值是 a、b、c 三者中的最大数。

6.1.4 函数声明

在主调函数调用某函数之前,应对被调函数进行说明(声明),这与使用变量之前要先进行变量说明是一样的。在主调函数中对被调函数做说明,其目的是把有关函数的信息(函数名、函数类型、函数参数的个数和类型)通知编译系统,以便编译系统在对程序编译时,在进行到主函数 main()调用被调函数时,知道被调函数是函数而不是变量或其他对象,知道函数返回值的类型,以便在主调函数中按此种类型对返回值做相应的处理。另外还对被调函数的正确性进行检查。

函数声明的一般形式为

> 类型名 被调函数名(类型 形参,类型 形参…);

或

```
类型名 被调函数名(类型,类型 … );
```

括号内给出了形参的类型和形参名，或只给出形参类型。这便于编译系统进行检错，以防止可能出现的错误。

C语言中规定当被调函数的函数定义出现在主调函数之前时，在主调函数中可以不对被调函数加以声明而直接调用；如果被调函数的函数定义出现在主调函数之后，则在主调函数中必须对被调函数加以声明，否则编译系统会报错。

另外，对库函数的调用不需要再做说明，但必须把该函数的头文件用#include 命令包含在源文件前面。

6.2 函数的参数和函数的值

6.2.1 形式参数和实际参数

前面已经提到，在调用函数时，主调函数和被调函数之间有数据的传递关系。在定义函数时，函数名后面括号里的变量名称为"形式参数"（简称"形参"）；在主调函数中调用一个函数时，函数名后面括号里的参数称为"实际参数"（简称"实参"）。形参出现在函数定义中，在整个函数体内都可以使用，离开该函数则不能使用。实参出现在主调函数中，进入被调函数后，实参变量也不能使用。形参和实参的功能是进行数据传送。发生函数调用时，主调函数把实参的值传送给被调函数的形参，从而实现主调函数向被调函数的数据传送。

函数的形参和实参具有以下特点：

（1）形参变量只有在被调用时才分配内存单元，在调用结束时，即刻释放所分配的内存单元。因此，形参只在函数内部有效。

（2）实参可以是常量、变量、表达式、函数等，无论实参是何种类型的量，在进行函数调用时，它们都必须具有确定的值，以便把这些值传送给形参。

（3）实参和形参在数量上、类型上和顺序上应严格一致，否则会发生类型"不匹配"的错误。

（4）函数调用中发生的数据传送是单向的。即只能把实参的值传送给形参，而不能把形参的值反向传送给实参。

6.2.2 函数的返回值

函数的值（或称函数返回值）是指函数被调用之后，执行函数体中的程序段所取得的并返回给主调函数的值，如调用max()函数取得的最大数等。对函数的值有以下一些说明：

（1）函数的值只能通过return语句返回主调函数。

return语句的一般形式为

```
return 表达式;
```

或

```
return (表达式);
```

该语句的功能是计算表达式的值，并返回给主调函数。在函数中允许有多个 return 语句，但每次调用只能有一个 return 语句被执行，因此只能返回一个函数值。

（2）函数值的类型和函数定义中函数的类型应保持一致。

如果两者不一致，则以函数类型为准，自动进行类型转换。如函数值为整型，在函数定义时可以省去类型说明。

（3）不返回函数值的函数，可以明确定义为"空类型"，类型说明符为"void"。

为了使程序有良好的可读性并减少出错，凡不要求返回值的函数都应定义为空类型。

6.3　函数的嵌套调用

6.3.1　函数的嵌套调用

在一个函数中再调用其他函数的情况称为函数的嵌套调用。

C 语言中不允许做嵌套的函数定义，因此各函数之间是平行的，不存在上一级函数和下一级函数的问题。但是 C 语言允许在一个函数的定义中出现对另一个函数的调用。

如果函数 A 调用函数 B，函数 B 再调用函数 C，一个调用一个地嵌套下去，这就构成了函数的嵌套调用。如图 6-1 表示了两层函数嵌套的情形。

图 6-1　两层函数嵌套

执行过程：执行 main()函数中调用 A 函数的语句时，即转去执行 A 函数；在 A 函数中调用 B 函数时，又转去执行 B 函数；B 函数执行完毕返回 A 函数的断点继续执行，A 函数执行完毕返回 main()函数的断点继续执行。

具有嵌套调用函数的程序，需要分别定义多个不同的函数体，每个函数体完成不同的功能，它们合起来解决复杂的问题。

6.3.2　数组名作为函数参数

可以用数组名做函数的参数，用数组名做函数参数与用数组元素做实参有几点不同：

（1）用数组元素做实参时，对数组元素的处理按普通变量对待。用数组名做函数参数时，则要求形参和相对应的实参都必须是类型相同的数组，都必须有明确的数组说明。当形参和实参两者不一致时，即会发生错误。

（2）在普通变量或下标变量做函数参数时，形参变量和实参变量是由编译系统分配的两个不同的内存单元。在函数调用时发生的值传送是把实参变量的值赋予形参变量；在用数组名做函数参数时，由于数组名就是数组的首地址，因此在数组名做函数参数时所进行的传送只是地址的传送，也就是说把实参数组的首地址赋予形参数组名。实际上是形参数组和实参数组为同一数组，共同拥有一段内存空间。

6.4 局部变量和全局变量

变量有效性的范围称为变量的作用域。C语言中所有的量都有自己的作用域。C语言中的变量，按作用域范围可分为两种，即局部变量和全局变量。

6.4.1 局部变量

局部变量也称为内部变量，其作用域仅限于本函数内部。例如：

```
int f1(int z)              /*函数 f1()，a，b，z 有效*/
{
    int a,b;
    …
}
int f2()                   /*函数 f2()，x，y 有效*/
{
    int x,y;
    …
}
void main()                /*函数 main()，i，j 有效*/
{
    int i,j;
    …
}
```

注意：允许在不同的函数中使用相同的变量名，它们代表不同的对象，分配不同的单元，互不干扰，也不会发生混淆。

6.4.2 全局变量

全局变量也称为外部变量，它是在函数外部定义的变量，其作用域是从定义变量的位置开始到本源程序结束。

在函数中使用全局变量，一般应做全局变量说明。只有在函数内经过说明的全局变量才能使用。全局变量的说明符为 extern。但在一个函数之前定义的全局变量，在该函数内使用可不再加以说明。

有关全局变量的具体应用请读者参看本项目任务 6.6、任务 6.7 和任务 6.8。

6.5 变量的存储类型

变量从其作用域（即从空间）角度来分，可以分为全局变量和局部变量；从变量值存在的时间（即生存期）角度来分，可以分为静态存储方式和动态存储方式。

1. 静态存储方式和动态存储方式

所谓静态存储方式是指在程序运行期间由系统分配固定的存储空间的方式。而动态存储方式是指在程序运行期间根据需要进行动态分配存储空间的方式。

在一般情况下，用户存储空间可以分为程序区和数据区，数据区中的数据又分别存放在静态存储区和动态存储区。

（1）静态存储区

全局变量全部存放在静态存储区，在程序开始执行时给全局变量分配存储区，程序执行完毕就释放。在程序执行过程中它们占据固定的存储单元，而不动态地进行分配和释放。

（2）动态存储区

动态存储区用来存放以下数据：

① 函数的形式参数；

② 自动变量（未加 static 声明的局部变量）；

③ 函数调用时的现场保护和返回地址等。

对以上这些数据，在函数开始调用时分配动态存储空间，函数结束时释放这些空间。

2. 存储类别

在 C 语言中，每个变量和函数都有两个属性：数据类型和数据存储类别。数据类型读者已经熟悉了，数据存储类别指的是数据在内存中存储的方式，包括四种类别：自动的（auto）、静态的（static）、寄存器的（register）、外部的（extern）。

（1）auto

程序中大多数变量属于自动存储类别。函数中的形参和在函数中定义的变量（包括在复合语句中定义的变量）都属此类，在调用该函数时，系统会给形参和函数中定义的变量分配存储空间，在函数调用结束时，就自动释放这些存储空间。用关键字 auto 做变量存储类别的声明。关键字 auto 可以省略，auto 不写则隐含定为"自动存储类别"，属于动态存储方式。例如："auto　int　a, b;"与"int　a, b;"等价。

（2）static

有时希望函数中的局部变量的值在函数调用结束后不消失而保留原值，这时就应该指定局部变量为"静态局部变量"，用关键字 static 进行声明。

静态局部变量属于静态存储类别，在静态存储区内分配存储单元，在程序整个运行期间都不释放。而自动变量（即动态局部变量）属于动态存储类别，占动态存储空间，函数调用结束后即释放。

静态局部变量在编译时赋初值，即只赋初值一次；而对自动变量赋初值是在函数调用时进行，每调用一次函数重新给一次初值，相当于执行一次赋值语句。

注意：由于用静态局部变量占用内存空间且降低程序的可读性，所以，在通常情况下不要多用静态局部变量。

有关 static 变量的具体用法请参考任务 6.10。

（3）register

一般情况下，变量的值是存放在内存中的。如果有一些变量使用频繁，为了提高效率，C 语言允许将局部变量的值放在 CPU 中的寄存器中，这种变量叫"寄存器变量"，用关键字 register 做声明。

几点说明：

① 只有局部自动变量和形式参数可以作为寄存器变量；

② 一个计算机系统中的寄存器数目有限，不能定义任意多个寄存器变量；
③ 局部静态变量不能定义为寄存器变量。
有关 register 变量的具体用法将在后续项目中做介绍，这里不再加以说明。
（4）extern
外部变量（即全局变量）是在函数的外部定义的，它的作用域为从变量定义处开始，到本程序文件的结束。如果外部变量不在文件的开头定义，其有效的作用范围只限于定义处到文件结束。如果在定义点之前的函数想引用该外部变量，则应该在引用之前，用关键字 extern 对该变量做"外部变量声明"。

一个 C 程序可以由一个或多个源程序文件组成。如果程序只由一个源文件组成，最好直接将外部变量放到程序的最前面，这样在程序段中就可以省去用 extern 声明变量。

如果程序由多个源程序文件组成，在多个文件中都要用到同一个外部变量，不能在每个源程序文件中都各自定义这个变量，否则，在进行程序的连接时会出现"重复定义"的错误。这样需要用 extern 做外部变量声明，具体用法请参考本项目任务 11 中的相关内容和附录 B。

6.6 任务实现

任务 6.1：用函数调用实现信息显示

要求：请在电脑屏上，用函数调用方法实现以下信息显示。

```
*********************************************
         Hello!  My  name  is  C  program.
*********************************************
```

编程思路：需要显示的信息有三行，可以定义一个 print_star()函数，该函数的功能是实现一行"*"的显示，用主函数分别调用两次；再定义一个 print_message()函数，用于显示中间一行文字信息；另外要用到 UART 显示窗口，本项目已经学了用户自定义函数，也可以把它单独写成一个子函数（uart_init()串行口初始化函数）。最后，在主函数中分别调用这几个函数就可以了。

源程序如下：

```c
/****************************************************************
 * @File:      chapter 6-1-1.c
 * @Function:  用函数调用实现信息显示
****************************************************************/
#include <reg51.h>                    //预处理命令
#include <stdio.h>
void main()                           //定义主函数
{
  void uart_init()  ;                 //声明 uart_init()函数
  void print_star();                  //声明 print_star()函数
  void print_message();               //声明 print_message()函数
  uart_init()  ;                      //调用 uart_init()函数
  print_star();                       //调用 uart_init()函数
```

```
        print_message();              //调用 uart_init()函数
        print_star();                 //调用 uart_init()函数
        while(1);                     //空循环,程序暂停
    }

    void uart_init()                  //定义串行口初始化函数
        {
            SCON=0x52;
            TMOD=0x20;
            TH1=0xf3;
            TR1=1;
        }

    void print_star()                 //定义 print_star()函数
    {
    printf("*******************************\n");
    }

    void print_message()              //定义 print_message()函数
    {
    printf("   Hello!  My  name  is  C  program.\n");
    }
```

打开 Keil 软件,按上机调试与运行步骤调试运行程序,其运行显示结果如图 6-2 所示。

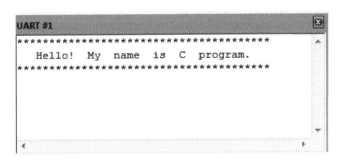

图 6-2 运行显示结果

程序说明:在上面这段程序中,由于 uart_init()函数、print_star()函数和 print_message()函数都放在 main()主函数后面定义,所以在主函数里加上了对这三个函数的声明。

为了使程序更加简洁,可以将 uart_init()函数、print_star()函数和 print_message()函数放在 main()函数之前定义,这样就可以省去对这三个函数的声明,源程序可以改写成如下形式。

```
/******************************************************************
    * @ File:    chapter 6-1-2.c
    * @ Function:   用函数调用实现信息显示
******************************************************************/
#include <reg51.h>                    //预处理命令
#include <stdio.h>
void uart_init()                      //定义串行口初始化函数
```

```
        {
         SCON=0x52;
         TMOD=0x20;
         TH1=0xf3;
         TR1=1;
            }
    void print_star()                          //定义 print_star()函数
    {
     printf("*********************************\n");
    }
    void print_message()                       //定义 print_message()函数
    {
     printf("   Hello!  My   name  is   C   program.\n");
    }
    void main()                                //定义主函数
    {
        uart_init()  ;                         //调用 uart_init()函数
        print_star();                          //调用 print_star()函数
        print_message();                       //调用 print_message()函数
        print_star();                          //调用 print_star()函数
        while(1);                              //空循环，程序暂停
    }
```

该程序运行结果与前面的程序运行结果一致。

任务 6.2：用函数调用实现比较两数大小

要求：找两个整数中的较大数，要求用函数调用方法实现。

编程思路：将两个数的比较，找较大的数单独写成一个 max()函数，在 main()函数中调用它就可以了。

源程序如下：

```
/*****************************************************************
* @ File：    chapter 6-2.c
* @ Function： 用函数调用实现找两个整数中的较大数
*****************************************************************/
#include <reg51.h>                             //预处理命令
#include <stdio.h>
void uart_init()                               //定义串行口初始化函数
{
    SCON = 0x52;
    TMOD = 0x20;
    TH1 = 0xf3;
    TR1 = 1;
}
int max(int x, int y)                          //定义 max()函数
{
    int z;                                     //定义变量 z
```

项目 6 函数及应用

```
        z = x>y ? x : y;              //条件运算符判断
        return(z);                    //带函数值 z 返回
}
void main( )                          //定义主函数
{
     int a,b,c;                       //定义变量 a、b、c
     uart_init() ;                    //调用 uart_init()函数
     printf("please input a and b:\n"); //信息提示
     scanf("%d,%d",&a,&b);            //输入变量 a、b
     c=max(a,b);                      //调用 max()函数，将得到的最大值赋给 c
     printf("max=%d\n",c);            //输出 c
     while(1);                        //空循环，程序暂停
     }
```

打开 Keil 软件，按上机调试与运行步骤调试运行程序，其运行显示结果如图 6-3 所示。

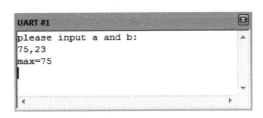

图 6-3 运行显示结果

任务 6.3：用函数调用实现求两整数和

要求：求两个整数之和。要求用函数调用方法实现。

编程思路：将两个数的求和单独写成一个 add()函数，在 main()函数中调用它就可以了。

源程序如下：

```
/**************************************************************
 *  @ File:     chapter 6-3.c
 *  @ Function：  用函数调用实现求两整数和
 **************************************************************/
#include <reg51.h>                    //预处理命令
#include <stdio.h>
void uart_init()                      //定义串行口初始化函数
{
      SCON=0x52;
      TMOD=0x20;
      TH1=0xf3;
      TR1=1;
      }
 int add(int x,int y)                 //定义 add()函数
{
   int z;
   z=x+y;
```

```
    return(z);
}
void main()                              //定义主函数
{
  int a,b,sum;                           //输入变量
  uart_init() ;                          //调用 uart_init()函数
  printf("Please input a and b:\n");     //信息提示
  scanf("%d,%d",&a,&b);                  //输入变量
  sum=add(a,b);                          //调用 add()函数
  printf("sum is %d\n",sum);             //输出 sum
  while(1);                              //空循环，程序暂停
}
```

打开 Keil 软件，按上机调试与运行步骤调试运行程序，其运行显示结果如图 6-4 所示。

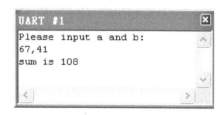

图 6-4 运行显示结果

任务 6.4：用函数嵌套调用实现找五个整数中的最大和最小数

要求：输入五个整数，找出其中的最大数和最小数。要求用函数嵌套调用方法实现。

编程思路：函数嵌套调用是在调用一个函数的过程中，又调用另一个函数。在这里首先定义两个数找大数 max2()和小数 min2()的子函数，然后定义五个数中找最大数 max5()和最小数 min5()的子函数，在 max5()和 min5()子函数中又再反复调用 max2()和 min2()子函数即可。

源程序如下：

```
/****************************************************************
* @ File:    chapter 6-4-1.c
* @ Function:    用函数嵌套调用实现找五个整数中的最大数和最小数
****************************************************************/
#include <reg51.h>                                //预处理命令
#include <stdio.h>
void main()                                       //定义主函数
{
    void uart_init();                             //声明 uart_init()函数
    int max5(int a, int b, int c, int d, int e);  //声明 max5()函数
    int min5(int a, int b, int c, int d, int e);  //声明 min5()函数
    int a, b, c, d, e, max, min;                  //定义变量
    uart_init();                                  //调用 uart_init()函数
    printf("Please input 5 interger numbers:\n"); //信息提示
    scanf("%d,%d,%d,%d,%d", &a, &b, &c, &d, &e);  //输入变量
    printf("\n");                                 //换行
```

```
        max = max5(a, b, c, d, e);              //调用 max5()函数
        min = min5(a, b, c, d, e);              //调用 min5()函数
        printf("max=%d\nmin=%d", max, min);     //输出 max、min
        while (1);                              //空循环，程序暂停
}
void uart_init()                                //定义串行口初始化函数
    {
        SCON=0x52;
        TMOD=0x20;
        TH1=0xf3;
        TR1=1;
        }
int min5(int a, int b, int c, int d, int e)     //定义 min5()函数
{
    int n;
    int min2(int a, int b);                     //声明 min2()函数
    n = min2(a, b);
    n = min2(n, c);
    n = min2(n, d);
    n = min2(n, e);
    return(n);
}
int max5(int a, int b, int c, int d, int e)     //定义 max5()函数
{
    int m;
    int max2(int a, int b);                     //声明 max2()函数
    m = max2(a, b);
    m = max2(m, c);
    m = max2(m, d);
    m = max2(m, e);
    return(m);
}
int max2(int a, int b)                          //定义 max2()函数
{
    if (a >= b)
        return a;
    else
        return b;
}
int min2(int a, int b)                          //定义 min2()函数
{
    if (a <= b)
        return a;
    else
        return b;
}
```

打开 Keil 软件，按上机调试与运行步骤调试运行程序，其运行显示结果如图 6-5 所示。

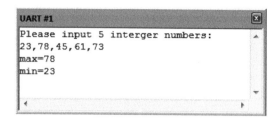

图 6-5 运行显示结果

程序说明：

为了使程序更加简洁，可以将 max2()函数和 min2()函数整体改为只用一个 return 语句（return(a<=b?a:b);），返回一个条件表达式的值。同时，在 max5()函数和 min5()函数中连续四次调用 max2()函数和 min2()函数，也可以只用一个 return 语句写成一行，这样程序将更加精练、易读，输入也更加快捷。源程序可以改写成如下形式。

```
/****************************************************************
 * @ File：    chapter 6-4-2.c
 * @ Function：   用函数嵌套调用实现找五个整数中的最大数和最小数
 ****************************************************************/
#include <reg51.h>                          //预处理命令
#include <stdio.h>
void uart_init()                            //定义 uart_init()函数
{
    SCON=0x52;
    TMOD=0x20;
    TH1=0xf3;
    TR1=1;
}
int max2(int a,int b)                       //定义 max2()函数
{
  return(a>b?a:b);
}
int min2(int a, int b)                      //定义 min2()函数
{
  return(a<=b?a:b);
}
int max5(int a, int b, int c, int d, int e) //定义 max5()函数
{
   return max2(max2(max2(max2(a,b),c),d),e);
}
int min5(int a, int b, int c, int d, int e) //定义 min5()函数
{
   return min2(min2(min2(min2(a, b), c), d), e);
}
void main()                                 //定义主函数
```

```
    {
        int a,b,c,d,e,max,min;                      //定义变量
        uart_init();                                //调用 uart_init()函数
        printf("Please input 5 interger numbers:\n");  //信息提示
        scanf("%d,%d,%d,%d,%d", &a, &b, &c, &d, &e); //输入变量
        printf("\n");                               //换行
        max=max5(a,b,c,d,e);                        //调用 max4()函数
        min = min5(a, b, c, d, e);                  //调用 min5()函数
        printf("max=%d\nmin=%d", max, min);         //输出 max、min
        while (1);                                  //空循环，程序暂停
    }
```

该程序运行结果与前面的程序运行结果一致。

任务 6.5：用函数调用实现闰年判断

要求：编写一段程序，判断 2015～2025 年之间，哪些年是闰年，哪些年不是闰年。要求用函数调用方法实现。

编程思路：在项目任务 4.6 的基础上，将闰年判断直接写成一个名为 leap_year()的子函数形式，再在主函数中调用该函数即可。

源程序如下：

```
/********************************************************************
 * @ File:        chapter 6-5.c
 * @ Function:    用函数调用实现闰年判断
 ********************************************************************/
#include <reg51.h>                          //预处理命令
#include <stdio.h>
int year=2015;                              //定义变量并赋初值
void uart_init()                            //定义串行口初始化函数
    {
        SCON=0x52;
        TMOD=0x20;
        TH1=0xf3;
        TR1=1;
    }
void leap_year()                            //定义闰年判断函数
{
if(year%4==0&&year%100!=0||year%400==0)
{
     printf("%d 是闰年\n",year);
     year++;
}
else
{
     printf("%d 不是闰年\n",year);
     year++;
```

```
        }
    }
    void main()                              //定义主函数
    {
        uart_init() ;                        //调用 uart_init()函数
        while(1)                             //大循环
        {
            if(year<=2025)                   //若年份在 2015~2025 之间则进入判断
            {
                leap_year();                 //调用 leap_year()函数
            }
            else
            {
              printf("查询完毕");
              while (1);
            }
        }
    }
```

打开 Keil 软件，按上机调试与运行步骤调试运行程序，其运行显示结果如图 6-6 所示。

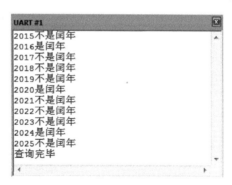

图 6-6　运行显示结果

任务 6.6：用函数调用实现排序

要求：输入 10 个整数，用选择法将它们按由大到小的顺序排序，并找出其中的最大数和最小数。要求用函数调用方法实现。

编程思路：在项目任务 5.1 的基础上，将数据的输入、数据的输出、选择法排序判断以及最大数和最小数的查找分别写成子函数形式，在主函数中直接调用这些函数即可。以下是选择法的排序思路。

先通过比较找到 10 个数中的最大数，与 a[0]元素进行交换，将最大的数排在第一位，完成第一趟比较；然后从剩下的 9 个数中找到第二大的数，与 a[1]元素进行交换，将第二大的数排在第二位，完成第二趟比较；以此类推，通过 9 趟比较就能将 10 个数按顺序排出。

以下面 5 个数为例说明选择法排序过程，如图 6-7 所示。

6	15	34	78	19	原始数据位置
78	15	34	6	19	第一趟排序位置（78 与 6 交换）
78	34	15	6	19	第二趟排序位置（34 与 15 交换）
78	34	19	6	15	第三趟排序位置（19 与 15 交换）
78	34	19	15	6	第四趟排序位置（15 和 6 交换）

图 6-7　选择法排序过程

源程序如下：

```
/******************************************************************
 * @ File：   chapter 6-6.c
 * @ Function：用函数调用实现 10 个数按由大到小顺序排序，并找出最大数和最小数
 ******************************************************************/
#include <reg51.h>                              //预处理命令
#include <stdio.h>
int i,j,t,num, max, min ,a[10];                 //定义全局变量和数组
void uart_init()                                //定义串行口初始化函数
    {
        SCON=0x52;
        TMOD=0x20;
        TH1=0xf3;
        TR1=1;
        }
void input_data()                               //定义 input_data()函数，输入 10 个数
{
    printf("please input 10 numbers :\n");      //提示信息
      for (i = 0; i<10; i++)
        scanf("%d", &a[i]);
        printf("\n");
}
void px()                                       //定义排序函数（选择法），将 10 个数从大到小排序
{
    for (i = 0; i < 9; i++)                     //外层 for 循环进行 n-1 趟比较
    {
    max = i;                                    //大数下标先为初始下标
      for (j = i+1; j<10; j++)                  //内层 for 循环找出 10 个数中的大数
        if (a[j]>a[max])                        //如果 a[j]更大，则交换两数
          max = j;                              //记下大数下标
        t = a[max]; a[max] = a[i]; a[i] = t;    //将大数与 a[i]交换
}
}void output_data()                             //定义 output_data()函数，输出排序结果
{
    for(i=0;i<10;i++)
      {
        printf("%d",a[i]);
          printf("  ");                         //输出空格
```

```
        }
    }
    void output_max_min()                    //定义output_max_min()函数,输出最大数与最小数
    {
        printf("\n");
        printf("Max:%d\n",a[0]);
        printf("Min:%d\n",a[9]);
    }
    void main()                              //定义主函数
    {
        uart_init();                         //调用uart_init()函数
        while(1)                             //大循环
        {
          input_data();                      //调用input_data()函数
           px();                             //调用px()函数
            output_data();                   //调用output_data()函数
             output_max_min();               //调用output_max_min()函数
        }
    }
```

打开Keil软件,按上机调试与运行步骤调试运行程序,其运行显示结果如图6-8所示。

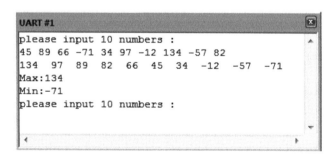

图6-8 运行显示结果

任务6.7:用函数调用实现求10个整数平均值

要求:求10个整数的平均值,要求用函数调用方法实现。

源程序如下:

```
/************************************************************
 * @ File:     chapter 6-7.c
 * @ Function: 用函数调用实现求10个整数平均值
 ************************************************************/
#include <reg51.h>                           //预处理命令
#include <stdio.h>
int a[10],i,aver;                            //定义全局变量和数组
void uart_init()                             //定义串行口初始化函数
    {
        SCON=0x52;
```

```
            TMOD=0x20;
            TH1=0xf3;
            TR1=1;
        }
    void input_data()                               //定义 input_data()函数，输入 10 个数
    {
        printf("please input 10 numbers :\n");      //提示信息
            for (i = 0; i<10; i++)
              scanf("%d", &a[i]);
              printf("\n");
    }
    int average(int b[])                            //定义 average()函数，求 10 个数平均值
     {
        int aver1,sum=0;
        for(i=0;i<10;i++)
        sum=sum+b[i];
        aver1=sum/10;
        return(aver1);
     }
    void main()                                     //定义主函数
    {
        uart_init() ;                               //调用 uart_init()函数
        input_data();                               //调用 input_data()函数
        aver=average(a);                            //调用 average()函数
        printf("average number is %d\n",aver);      //输出结果
        while(1);                                   //空循环，程序暂停
    }
```

程序说明：数组名可做函数的实参和形参，做实参时传递的是数组的第一个元素的地址。在上面的程序段中，定义了一个有参函数 average()，形参是数组 int b[]（形参数组可以不指定大小）。在主调函数中调用 average()函数时，实参（数组名 a）传递的是数组 int a[10]的第一个元素的地址，也就是 a[0]元素的地址，因此，形参数组首元素（b[0]）和实参数组首元素（a[0]）具有同一个地址，它们共同占用同一个存储单元，a[0]和 b[0]具有相同的值。由此可知，a[n]和 b[n]具有相同的值。实际上，在函数中对数组 b[i]的操作就是对数组 a[i]的操作。

打开 Keil 软件，按上机调试与运行步骤调试运行程序，其运行显示结果如图 6-9 所示。

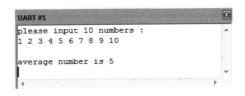

图 6-9 运行显示结果

任务 6.8：用函数调用实现素数判断

要求：输入一个大于 3 的整数，判断它是否为素数。要求用函数调用方法实现。

源程序如下：

```c
/*****************************************************************
* @ File:     chapter 6-8-1.c
* @ Function:  用函数调用实现素数判断
*****************************************************************/
#include<reg51.h>                              //预处理命令
#include<stdio.h>
void uart_init()                               //定义串行口初始化函数
{
    SCON = 0x52;
    TMOD = 0x20;
    TH1 = 0xf3;
    TR1 = 1;
}
void sc1(int x)                                //定义有参函数 sc1()，判断输入的数是否素数
{
    int i;
    for (i=2;i<=x-1;i++)                       //for 循环
        if(x%i==0) break;
    if(i<x) printf("%d is not a prime number.\n",x);   //循环结束后检查 i
        else printf("%d is a prime number.\n",x);//i=x
}
void main()                                    //定义主函数
{
    int n;                                     //定义变量
    uart_init();                               //调用 uart_init()函数
    while (1)                                  //大循环
    {
        printf("please enter a integer number:\n");   //信息提示
        scanf("%d",&n);                        //输入整数
        sc1(n);                                //调用 sc1()函数
    }
}
```

打开 Keil 软件，按上机调试与运行步骤调试运行程序，其运行显示结果如图 6-10 所示。

图 6-10 运行显示结果

也可以将 sc1()子函数写成一个无参函数，把输入的整数 n 定义成一个全局变量，在主函

数和sc1()函数中都有效。

源程序如下：

```c
/***************************************************************
* @ File:      chapter 6-8-2.c
* @ Function:  用函数调用实现素数判断
***************************************************************/
#include<reg51.h>                          //预处理命令
#include<stdio.h>
int n;                                     //定义全局变量
void uart_init()                           //定义串行口初始化函数
{
    SCON = 0x52;
    TMOD = 0x20;
    TH1 = 0xf3;
    TR1 = 1;
}
void sc1()                                 //定义无参函数sc1()，判断输入的数是否素数
{
    {
        int i;                             //定义变量
        for (i = 2; i <= n - 1; i++)       //for 循环
        if (n%i == 0) break;
        if (i<n) printf("%d is not a prime number.\n", n);   //循环结束后检查i
        else printf("%d is a prime number.\n", n);           //i=n
    }
}
void main()                                //定义主函数
{
    uart_init();                           //调用 uart_init()函数
    while (1)                              //大循环
    {
        printf("please enter a integer number:\n");   //信息提示
        scanf("%d", &n);                              //输入整数
        sc1();                                        //调用 sc1()函数
    }
}
```

程序运行结果与前面程序运行结果相同。

任务6.9：用函数调用实现输出九九乘法表

要求：在电脑屏上输出九九乘法表。要求用函数调用方法实现。

编程思路：由九九乘法表可知，九九乘法表的特点是一共有九行，每行的式子个数与第几行相一致。例如，第一行只有一个式子（1×1=1），第二行有两个式子（1×1=1，1×2=2），第三行有三个式子（1×1=1，1×2=2，1×3=3）…，每一行的式子与其所在的行和列都有关系。假设现在要输出的是第 x 行，则可用如下程序段实现：

```
        for (y = 1; y <= x; y++)
         {
            z = y*x;
             printf("%d×%d=%d ", x, y, z);
         }
```

在此基础上，再给上述程序段加一层外循环：

```
        for (x = 1; x <= 9; x++)
         {
            for (y = 1; y <= x; y++)
             {
                z = y*x;
                printf("%d×%d=%d ", x, y, z);
             }
             printf("\n");
         }
```

每执行一次内循环，就输出了乘法表中相应的行式。二重 for 循环执行完后，也就得到了整个九九乘法表。

源程序如下：

```
/*****************************************************************
* @ File:     chapter 6-9.c
* @ Function： 用函数调用输出九九乘法表
*****************************************************************/
#include <reg51.h>                          //预处理命令
#include <stdio.h>
void uart_init()                            //定义串行口初始化函数
{
    SCON = 0x52;
    TMOD = 0x20;
    TH1 = 0xf3;
    TR1 = 1;
}
void Cfb_99()                               //定义乘法方式九九乘法表
{
    int x = 0, y = 0, z = 0;                //x：被乘数；y:乘数；z：商
        for (x = 1; x <= 9; x++)            //被乘数1至9
         {
            for (y = 1; y <= x; y++)        //乘数因被乘数的变化而变化
             {
                z = y*x;                    //计算
                printf("%d×%d=%d ", x, y, z); //输出
             }
             printf("\n");                  //退出循环后换行
         }
}
```

```
void main()                              //定义主函数
{
    uart_init();                         //调用 uart_init()函数
    Cfb_99();                            //调用 Cfb_99()函数
    while (1);                           //空循环,程序暂停
}
```

打开 Keil 软件,按上机调试与运行步骤调试运行程序,其运行显示结果如图 6-11 所示。

图 6-11 运行显示结果

任务 6.10:输出 1 到 5 的阶乘值

要求:输出 1 到 5 的阶乘值。
编程思路:编写一个子函数用来进行连乘即可。
源程序如下:

```
/******************************************************************
* @ File:     chapter 6-10.c
* @ Function: 输出 1 到 5 的阶乘值
******************************************************************/
#include <reg51.h>                       //预处理命令
#include <stdio.h>
void uart_init()                         //定义串行口初始化函数
{
    SCON = 0x52;
    TMOD = 0x20;
    TH1 = 0xf3;
    TR1 = 1;
}
int jc(int n)                            //定义 jc()函数
{
    static int x = 1;                    //定义变量 x 为静态存储变量并初始化
    x = x*n;                             //连乘
    return(x);                           //带连乘值返回
}
void main()                              //定义主函数
```

```
    {
        int i;                                  //定义变量
        uart_init();                            //调用 uart_init()函数
        for (i = 1; i <= 5; i++)
        printf("%d!=%d\n", i, jc(i));           //输出
        while (1);                              //空循环，程序暂停
    }
```

打开 Keil 软件，按上机调试与运行步骤调试运行程序，其运行显示结果如图 6-12 所示。

图 6-12 运行显示结果

程序说明：在 jc()函数中定义了一个静态存储变量 x 并赋初值为 1，这样，每一次调用完 jc()函数后，变量 x 的值便是本次调用结束时的连乘值；下一次调用 jc()函数时，在完成连乘后再次保留调用结束时的连乘值，为再下一次连乘做准备。若将变量 x 定义为基本整型，即 int x= 1，则结果将出错。请读者在调试程序时自己试试。

任务 6.11：多文件形式实现学生分数等级判断

要求：请参考附录 B，以多文件形式编程实现项目任务 3.7 中的学生分数等级判断。

编程思路：在项目任务 3.7 基础上，将各个功能模块写成子函数形式，放在一个名为 file 2.c 的源程序文件中，同时编写一个名为 file 1.c 的主函数文件，在 file 1.c 中调用 file 2.c 源程序文件中的函数，另外再编写一个名为 student.h 的头文件，其功能是声明各个子函数。将该头文件分别包含到源程序文件 file 1.c 和 file 2.c 中即可。

源程序文件和头文件如下：

（1）源程序文件 file 1.c 如下：

```
/****************************************************************
*@File          chapter 6-11.c
*@Function      多文件形式学生分数等级判断
****************************************************************/
#include<reg51.h>                              //预处理命令
#include<stdio.h>
#include"student.h"
int score, grade;                              //定义变量
void main()                                    //定义主函数
{
    uart_init();                               //调用串行口初始化函数，打开显示串口
    while(1)                                   //大循环
```

```
        {
            printf("please input Your score:");    //输入分数信息提示
            scanf("%d", &score);                   //分数输入
            pd();                                  //调用 pd()函数
            xz();                                  //调用 xz()函数
        }
    }
```

（2）源程序文件 file 2.c 如下：

```
    #include<reg51.h>                             //预处理命令
    #include<stdio.h>
    #include"student.h"
    extern grade,score;                            //声明外部变量
    void uart_init()                               //定义串行口初始化函数
    {
        SCON = 0x52;
        TMOD = 0x20;
        TH1 = 0xf3;
        TR1 = 1;
    }
    void pd()          //定义 pd()函数，根据输入的成绩判断分数所对应的等级
    {
      grade = 0;
      if (score<60)
      {
        grade = 5;
      }
      if (score >= 60 && score <= 69)
      {
        grade = 4;
      }
      if (score >= 70 && score <= 79)
      {
        grade = 3;
      }
      if (score >= 80 && score <= 89)
      {
        grade = 2;
      }
      if (score >= 90 && score <= 100)
      {
        grade = 1;
      }
    }
    void xz()                                      //定义 xz()函数，选择输出分数等级
    {
```

```
switch (grade)
{
case 1 : printf("A,90~100\n");break;
case 2 : printf("B,80~89\n");break;
case 3 : printf("C,70~79\n");break;
case 4 : printf("D,60~69\n");break;
case 5 : printf("E,<60\n");break;
default:printf("data error！ \n");
}
}
```

(3) 头文件 student.h 如下：

```
#ifndef __student_h__
#define __student_h__
void uart_init() ;
void xz();
void pd();
#endif
```

打开 Keil 软件，将源程序文件 file 1.c 和 file 2.c 分别添加到工程项目下，按上机调试与运行步骤调试运行程序，其运行显示结果如图 6-13 所示。

图 6-13　运行显示结果

6.7　工程应用——霓虹灯控制（2）

1. 任务描述

要求用 C 语言编写一段延时函数，采用键盘、LED 显示实验仿真板做硬件平台，让实验仿真板上的 8 个 LED 灯循环点亮，实现霓虹灯循环点亮控制的功能。

2. 编写 C 程序

编程思路：在项目 5 工程应用霓虹灯控制（1）C 程序的基础上，将程序段二重 for 循环延时功能部分写成一个延时子函数形式，在主函数中调用该函数即可。延时子函数可以写成无参函数形式，也可以写成有参函数形式。

（1）无参函数形式

```
void delayms()              //延时子函数
{
    uint i, j;
        for (i = 5000; i>0; i--)
            for (j = 110; j>0; j--);
}
```

（2）有参函数形式

```
void delayms(uint xms)      //延时 xms 子函数
{
    uint i, j;
        for (i = xms; i>0; i--)
            for (j = 110; j>0; j--);
}
```

源程序如下：

```
/******************************************************************
 * @ File:    chapter 6-12.c
 * @ Function:   霓虹灯控制（2）
 ******************************************************************/
#include <reg51.h>                              //预处理命令
#define uint unsigned int
#define uchar unsigned char
uchar code Led_style[] = { 1, 3, 7, 15, 31, 63, 127, 255 };   //定义一维数组霓虹灯花样
void delayms(uint xms)                          //延时 xms 子函数
{
    uint i, j;
        for (i = xms; i>0; i--)
            for (j = 110; j>0; j--);
}
void main()                                     //定义主函数
{
    uchar num;                                  //定义下标变量
    while (1)                                   //大循环
    {
        for (num = 0; num<8; num++)             //for 循环控制
        {
            P1 = ~Led_style[num];               //取花样代码求反
            delayms(5000);                      //调用延时函数
        }
    }
}
```

3. 上机调试与仿真

（1）打开 Keil 软件，建立工程；
（2）输入源程序，使源程序编译连接正确；
（3）使程序进入调试状态；
（4）调出键盘、LED 显示实验仿真板；
（5）采用单步（Step）或连续（Run）执行键运行程序，其仿真结果如图 6-14 所示。

图 6-14 仿真结果

归纳与总结

函数是 C 语言程序的主要组成部分，在一个源程序文件中包含若干个函数（其中必有一个且唯一有一个 main()函数）。读者需要熟练掌握函数分类、用户自定义函数的定义和调用方法。函数调用时由主调函数提供实参给被调函数的形参，被调函数执行完毕后返回值给主调函数。在 C 语言中，允许函数嵌套调用。在 C 语言程序中出现的形参、实参变量的作用域和存储类型都有不同。在本项目的最后，通过用 C 语言编程实现霓虹灯（2）控制，进一步认识了函数在工程中的实际应用。

练习题

1. 请上机调试，完成本项目任务 6.1～任务 6.11。
2. 现有以下图案，要求编程实现以下功能。

```
        *****
        **$**
        *****
        *****
        *****
```

(1)输出图案。

(2)找出是否有关键字"$",若有,则显示"找到了"的信息,并显示其所在的行号和列号。

(3)求出"*"的个数。

3.输入10个整数,用选择法将它们按由大到小的顺序排序。要求用函数调用方法实现。

4.请参考附录B,以多文件形式编程,在电脑屏上输出显示以下一行信息。

> This is a C Program.

5.请参考附录B,以多文件形式编程,在电脑屏上输出九九乘法表。

6.请参考附录B,以多文件形式编程,求10个整数的和。

7.请参考附录B,以多文件形式编程,用二维数组定义霓虹灯花样,采用二重for循环实现霓虹灯跑马灯花样控制。

项目 7 指针及应用

教学目的
- 掌握指针、指针变量概念；
- 掌握指针变量的定义及引用方法；
- 掌握与指针相关的运算符的使用方法；
- 掌握变量的访问方式；
- 掌握通过指针引用数组的方法；
- 掌握通过指针引用字符串的方法。

重点和难点
- 指针变量的定义及引用方法；
- 取地址运算符（&）和取内容运算符（*）的使用方法；
- 指针在 C 程序中的典型应用。

项目任务

任务 7.1：用指针法实现大、小写字母转换
任务 7.2：用指针法实现闰年判断
任务 7.3：用指针法实现求两个整数中的较大数
任务 7.4：用指针法实现两个整数按由小到大的顺序排序
任务 7.5：用指针法实现 10 个整数按由小到大的顺序排序

相关知识

指针是 C 语言中的一个重要概念，它是 C 语言的一大特色，是 C 语言的精华。正确而灵活地使用指针，可以使程序更加简洁、高效、紧凑。所以要想学好 C 语言，就必须花功夫掌握指针的用法。

7.1 指针及指针变量

什么是指针？指针就是地址。
什么是指针变量？指针变量就是用来存放地址的变量。
计算机中的内存单元都是编址的，每个地址都有一个编号，就像每个公民都有一个身份证号码，每个学生都有一个学号，每个家庭都有一个通信地址或者 IP 地址一样。

如果在程序中定义了一个变量，系统在对程序进行编译时，会给这个变量分配内存单元，每个内存单元都有一个编号，即地址。在计算机语言中，如果通过地址能找到所需的变量单元，那么可以说，地址指向该变量单元。因此，将地址形象地称为"指针"，意思是通过它能找到以它为地址的内存单元。当指针指向某个变量时，这个指针里就存放了那个变量的地址，同时可以利用指针直接取变量中的值。

一个变量的地址称为该变量的指针，用来存放另外一个变量的地址的变量称为"指针变量"。要注意的是，指针变量是一种特殊变量，它不同于一般的变量，一般变量存放的是数据本身，而指针变量是用来存放另外一个变量的地址，即指针变量指向另外一个变量。指针变量与一般变量一样，在使用前都必须先定义，然后才能使用。

定义指针变量的一般形式为

  类型名　*指针变量名;

① 类型名：指在定义指针变量时，必须指定指针变量所指向的变量的数据类型（如 int、char、float 等）。

② 指针变量名：指针变量的名称，它前面的"*"表示该变量的类型为指针型变量，即代表所定义的变量是指针变量，专门用来存放另外一个变量的地址。例如：

  int　*p1;

表示定义了一个指向整型数据变量的指针变量 p1，p1 只能用来存放某个整型数据变量的地址。

  char　*p2;

表示定义了一个指向字符型数据变量的指针变量 p2，p2 只能用来存放某个字符型变量的地址。

7.2　指针运算符

在 C 语言中，专门提供了两个与指针相关的运算符，用于取地址和取内容运算。

（1）取地址运算符&：取地址运算是取某个变量的地址，&a 代表取 a 变量的地址，&b 代表取 b 变量的地址。其用途是将某个变量的地址赋给指针变量。例如：

  p1=&a;
  p2=&b;

其作用是取 a 变量的地址赋值给指针变量 p1，p1 指向 a；取 b 变量的地址赋值给指针变量 p2，p2 指向 b。

（2）取内容运算符*：在执行语句中，*p1 代表取指针变量 p1 所指向的变量的值。例如，如果在程序中已执行语句：

  p1=&a;

则

  printf ("%d", *p1);

其作用是以整型数据形式输出指针变量 p1 所指向的变量的值，即输出变量 a 的值。也就是等价于：

```
    printf ("%d", a);
```

利用指针运算符，可以在定义指针变量的同时对它进行初始化。例如：

```
    int  *p = &a;
```

表示定义了一个指向整型数据变量的指针变量 p，同时将整型变量 a 的地址赋值给指针变量 p。

7.3 变量的访问方式

可以通过两种方式访问变量，一种是直接访问方式，另一种是间接访问方式。

（1）直接访问方式：直接按变量名（如 a）进行的访问称为直接访问方式。例如：

```
    int a;              //定义整型变量 a
    a=5;                //将 5 直接赋值给整型变量 a
```

（2）间接访问方式：将变量（如 a）的地址存放在另一个指针变量（如 p）中，然后通过该指针变量来找到变量所在地址，从而访问变量本身。例如：

```
    int  *p;            //定义指针变量 p
    p=&a;               //取 a 变量的地址赋值给 p
    *p=5;               //将 5 赋值给指针变量 p 所指向的变量（即 a）
```

7.4 指 针 运 算

（1）数组元素的指针

指针变量既可以指向变量，也可以指向数组元素，即数组元素的指针其实就是数组元素的地址。可以先把数组中某一个元素的地址赋给一个指针变量，这样的话，指针变量就指向这个数组元素。例如：

```
    int  a[10];         //定义一维数组 a
    int  *p;            //定义指针变量 p
    p = &a[0];          //把 a[0]元素的地址赋给 p，p 指向数组 a 中的第 0 号元素
```

在 C 语言中，数组名代表数组中首元素的地址。因此，下面两条语句等价，其含义是指针变量 p 指向数组 a 中的第 0 号元素。

```
    int  *p = &a[0];    //定义指针变量 p 并赋初值&a[0]
    int  *p = a;        //定义指针变量 p 并赋初值 a
```

（2）指针运算

```
    int  a[10];         //定义一维数组 a
    int  *p;            //定义指针变量 p
```

如果指针变量 p 已指向数组中的一个元素，则 p+1（p++、++p）代表指向同一数组中的下一个元素，p-1（p--、--p）代表指向同一数组中的上一个元素。

如果 p 的初值是&a[0]，则 p+i 和 a+i 就是数组元素 a[i]的地址。*(p+i)或*(a+i)代表 p+i

或 a+i 所指向的数组元素,即 a[i]。

7.5 任务实现

任务 7.1:用指针法实现大、小写字母转换

要求:用指针法编程实现大写字母转换为小写字母。

编程思路:在项目任务 3.4 的基础上,定义一个指向字符型变量的指针变量,使指针变量指向字符型变量,通过间接访问方式和 if-else 语句判断即可实现大写字母转换为小写字母。

源程序如下:

```
/****************************************************************
*@File        chapter 7-1.c
*@Function    用指针法实现大写字母转小写字母
****************************************************************/
#include <reg51.h>
#include <stdio.h>
void uart_init()                          //定义串行口初始化函数
{
    SCON = 0x52;
    TMOD = 0x20;
    TH1 = 0xf3;
    TR1 = 1;
}
void main()
{
    char ch;                              //定义字符型变量
    char *p=&ch;                          //定义指针变量 p 指向字符型变量 ch
    uart_init();                          //调用 uart_init()函数,打开显示串口
    printf("please input ch :\n");        //输出提示信息
    scanf(" %c", p);                      //输入一个字符
    printf("\n");                         //换行
    if(*p>='A' && *p<='Z')*p=(*p+32);     //if-else 语句判断是否转换
        else *p=*p;
    printf("%c\n", *p);                   //输出字符
    while (1);                            //空循环,程序暂停
}
```

打开 Keil 软件,按上机调试与运行步骤调试运行程序,其运行显示结果如图 7-1 所示。

图 7-1 运行显示结果

任务 7.2：用指针法实现闰年判断

要求：用指针法编程实现闰年判断，要求程序能进行无限循环判断。

编程思路：在项目任务 3.9 的基础上，定义一个指针变量，使指针变量指向整型变量年份，通过间接访问方式和逻辑表达式判断是否闰年，即可实现闰年判断。再通过 for(;;){}循环语句或 while (1){}循环语句就能使程序进行无限循环。

源程序如下：

```c
/*****************************************************
*@File         chapter 7-2.c
*@Function     用指针法实现闰年判断
*****************************************************/
#include <reg51.h>
#include <stdio.h>
void uart_init()                          //定义串行口初始化函数
{
    SCON = 0x52;
    TMOD = 0x20;
    TH1 = 0xf3;
    TR1 = 1;
}
void main()
{
    int year;                             //定义整型变量年份
    int *p;                               //定义指针变量
    uart_init();                          //调用 uart_init()函数，打开显示串口
      p=&year;                            //指针变量 p 指向年份
      for (;;)                            //无限循环
      {
    printf("please input year:\n");       //信息提示
    scanf("%d",p);                        //输入年份
    if((*p%4==0&&*p%100!=0)||(*p%400==0)) //闰年判断
      printf("%d is a leap year.\n",*p);  //输出结果
        else
          printf("%d is not a leap year.\n",*p);
      }
    }
```

打开 Keil 软件，按上机调试与运行步骤调试运行程序，其运行显示结果如图 7-2 所示。

```
UART #1
please input year:
2017
2017 is not a leap year.
please input year:
2018
2018 is not a leap year.
please input year:
```

图 7-2 运行显示结果

任务 7.3：用指针法实现求两个整数中的较大数

要求：用指针法编程实现求两个整数中的较大数。

编程思路：在项目任务 3.1 的基础上，在主函数中定义两个指针变量，分别指向对应的两个整数变量；设计一个子函数，有两个指针形参，在这个子函数中通过 if-else 语句判断两个指针形参所指向的变量大小，从而找出大的形参的值；在主函数中调用该子函数，在调用时将两个指针变量做实参进行地址传递即可找到两个整数中较大的数。

源程序如下：

```c
/***************************************************************
* @ File:     chapter 7_3.c
* @ Function:  用指针法实现求两个整数中的较大数
***************************************************************/
#include <reg51.h>
#include <stdio.h>
void uart_init()                          //定义串行口初始化函数
{
    SCON = 0x52;
    TMOD = 0x20;
    TH1 = 0xf3;
    TR1 = 1;
}
int max(int *pt1, int *pt2)               //定义 max()函数
{
    int max;                              //定义变量 max
    if (*pt1>*pt2) max =*pt1;             //if-else 语句判断
      else max = *pt2;
        return(max);                      //带函数值 max 返回
}
void main()                               //定义主函数
{
    int a, b, *p1, *p2;                   //定义变量 a、b 及指针变量 p1、p2
    uart_init();                          //调用 uart_init()函数，打开显示串口
    printf("please input a and b:\n");    //信息提示
    scanf("%d,%d", &a, &b);               //输入两个整数
    p1 = &a;                              //p1 指向 a
    p2 = &b;                              //p2 指向 b
    printf("max=%d", max(p1, p2));        //调用 max()函数并输出结果
    while (1);                            //空循环，程序暂停
}
```

打开 Keil 软件，按上机调试与运行步骤调试运行程序，其运行显示结果如图 7-3 所示。

图 7-3　运行显示结果

任务 7.4：用指针法实现两个整数按由小到大的顺序排序

要求：用指针法编程实现两个整数按由小到大的顺序排序。

编程思路：在项目任务 3.2 的基础上，先在主函数中判断两个整数变量的大小，再将设计的子函数的功能由找出大的数改成两指针形参变量所指向的变量的值互换即可。

源程序如下：

```c
/*****************************************************************
* @ File:     chapter 7-4.c
* @ Function:   用指针法实现两个整数按由小到大的顺序排序
*****************************************************************/
#include <reg51.h>
#include <stdio.h>
void uart_init()                          //定义串行口初始化函数
{
    SCON = 0x52;
    TMOD = 0x20;
    TH1 = 0xf3;
    TR1 = 1;
}
void swap(int *p1, int *p2)               //定义 swap()函数，完成*p1 和*p2 两数互换
{
    int t;
    t = *p1;
    *p1 = *p2;
    *p2 = t;
}
void main()                               //定义主函数
{
    int a, b;                             //定义变量 a、b
    int *p1, *p2;                         //定义指针变量 p1、p2
    uart_init();                          //调用 uart_init()函数，打开显示串口
    printf("please input a and b:\n");    //信息提示
    scanf("%d,%d", &a, &b);               //输入两个整数
    p1 = &a;                              //p1 指向 a
    p2 = &b;                              //p2 指向 b
    if (a>b) swap(p1, p2);                //如果 a>b，调用 swap()函数
```

```
        printf("%d,%d", a, b);              //输出结果
        while (1);                           //空循环,程序暂停
}
```

打开 Keil 软件,按上机调试与运行步骤调试运行程序,其运行显示结果如图 7-4 所示。

```
UART #1
please input a and b:
48,27
27,48
```

图 7-4　运行显示结果

任务 7.5:用指针法实现 10 个整数按由小到大的顺序排序

要求:用指针法编程实现 10 个整数按由小到大的顺序排序,要求程序能进行三次循环控制。

编程思路:在主函数中定义数组 a 和指针变量 p,使指针变量 p 指向 a[0],通过 for 循环输入 10 个整数,让指针变量 p 重新指向 a[0]。接下来通过二重 for 循环和数组元素中相关的指针运算,完成 10 个整数按由小到大的顺序排序,再一次让指针变量 p 重新指向 a[0]。最后通过 for 循环输出排序的结果即可。

源程序如下:

```
/***************************************************************
 * @ File:     chapter 7-5.c
 * @ Function: 用指针法实现 10 个整数按由小到大的顺序排序
 ***************************************************************/
#include <reg51.h>
#include <stdio.h>
void uart_init()                            //定义串行口初始化函数
{
    SCON = 0x52;
    TMOD = 0x20;
    TH1 = 0xf3;
    TR1 = 1;
}
void main()                                 //定义主函数
{
    int i, j, t, *p, a[10];                 //定义变量、指针变量和数组
    int num = 3;                            //设定循环次数
    uart_init();                            //调用 uart_init()函数,打开显示串口
    while (num--)                           //循环三次
    {
        p = a;                              //指针变量 p 指向 a[0]
        printf("please input 10 numberes:\n"); //信息提示
```

```
        for (i = 0; i<10; i++)              //for 循环输入 10 个整数
            scanf("%d", p++);
            printf("\n");                    //换行
            p = a;                           //指针变量 p 重新指向 a[0]
            for (j = 0; j<9; j++)            //外层 for 循环进行 n-1 趟比较
              for (i = 0; i<9 - j; i++)      //内层 for 循环在每一趟中进行 n-j 次两两比较
                if (*(p + i)>*((p + i) + 1)) //相邻两数比较,若前数大于后数,则互换
                {
                    t = *(p + i);
                    *(p + i) = *((p + i) + 1);
                    *((p + i) + 1) = t;
                }
            p = a;                           //指针变量 p 重新指向 a[0]
            for (i = 0; i<10; i++)           //for 循环输出排序后的 10 个数组元素
            {
                printf("%d ", *p);
                printf("   ");               //输出空格
                p++;
            }
            printf("\n");                    //换行
        }
        while (1);                           //空循环,程序暂停
    }
```

打开 Keil 软件,按上机调试与运行步骤调试运行程序,其运行显示结果如图 7-5 所示。

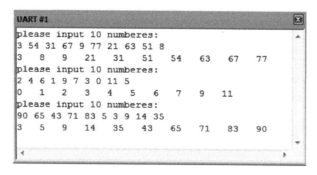

图 7-5 运行显示结果

7.6 工程应用——霓虹灯控制(3)

1. 任务描述

要求用 C 语言指针法编写霓虹灯控制程序,采用键盘、LED 显示实验仿真板做硬件平台,使实验仿真板上的 8 个 LED 灯循环点亮,显示更复杂的花样。

2. 编写 C 程序

编程思路： 在项目 5 工程应用霓虹灯控制（1）C 程序的基础上，先定义一个指针变量 p，将 p 指向霓虹灯花样数组中的第一个元素，进入 for 循环完成控制即可。

源程序如下：

```c
/*****************************************************************
* @ File：    chapter 7-6.c
* @ Function： 霓虹灯控制(3)
*****************************************************************/
#include <reg51.h>                          //预处理命令
#define uint unsigned int
#define uchar unsigned char
uchar   Led_style[] = { 1, 2, 4, 8, 16, 32, 64, 128,128, 64, 32, 16, 8, 4, 2, 1 };
                                            //定义一维数组霓虹灯花样
void delayms(uint xms)                      //延时 xms 子函数
{
    uint i, j;
     for (i = xms; i>0; i--)
       for (j = 110; j>0; j--);
}
void main()                                 //定义主函数
{
    uchar num;                              //定义下标变量
    uchar *p;                               //定义指针变量
    while (1)                               //大循环
    {
        p = Led_style;                      //指针变量 p 指向 Led_style[0]
        for (num = 0; num<16; num++)        //for 循环控制
        {
            P1 = ~*(p+num);                 //取花样代码求反
             delayms(5000);                 //调用延时函数
        }
    }
}
```

3. 上机调试与仿真

（1）打开 Keil 软件，建立工程；
（2）输入源程序，使源程序编译连接正确；
（3）使程序进入调试状态；
（4）调出键盘、LED 显示实验仿真板；
（5）采用单步（Step）或连续（Run）执行键运行程序，其仿真结果如图 7-6 所示。

```
10  {
11     uint i, j;
12     for (i = xms; i>0; i--)
13       for (j = 110; j>0; j--);
14  }
15  void main()              //定义主函数
16  {
17     uchar num;            //定义下标变量
18     uchar *p;             //定义指针变量
19     while (1)             //大循环
20     {
21        p = Led_style;     // 指针变量p指向
22        for (num = 0; num<16; num++)  //for循环控制
23        {
24           P1 = ~*(p+num);            //取花样代码求反
25           delayms(5000);             //调用延时函数
26        }
27     }
28  }
29
```

图 7-6　仿真结果

指针是 C 语言一大特色，指针就是地址，善于利用指针可使程序更加简洁、高效、紧凑。读者需要熟练掌握指针变量的定义和指针运算符的用法。在本项目的最后，通过用 C 语言编程实现霓虹灯（3）控制，进一步认识了指针在工程中的实际应用。

1．请上机调试，完成本项目任务 7.1～任务 7.5。

2．请用指针法编程，完成找三个整数中的最大数。

3．请用指针法编程，完成三个整数按由大到小的顺序输出。

4．输入 10 个整数，将其中最小的数与第一个数对换，最大的数与最后一个数对换，将结果输出。要求数据输入、数据输出和数据处理都用函数调用方法实现。请用指针法编程完成。

5．请参考附录 B，以多文件形式编程，判断某一年是否闰年。请用指针法编程完成。

6．请参考附录 B，以多文件形式编程，判断某个大于 3 的整数是否为素数。请用指针法编程完成。

项目 8　C 语言综合程序设计

教学目的
- 进一步加深对 C 语言的认识；
- 进一步掌握 C 语言选择结构、循环结构程序的编程技巧和调试方法；
- 进一步掌握数组的使用方法；
- 进一步掌握函数的使用方法；
- 进一步掌握指针的使用方法；
- 逐步学会编写一些简单工程应用控制程序。

重点和难点
- C 语言选择结构、循环结构程序的编程技巧和调试方法；
- C 语言数组、函数以及指针的使用方法；
- 工程应用控制程序的编写方法。

通过前面几个项目的学习，读者已经熟悉了 C 语言的基本语法知识和 C 程序的调试方法，特别通过前面几个工程应用实例，熟悉并掌握了 C 语言在工程项目上的具体应用。下面再举几个稍微复杂些的工程综合应用实例，希望读者通过上机调试，更好地完成其他 C 语言综合程序设计。

8.1　图形输出速度控制

1. 任务描述

采用 C 语言编程，串行口窗口作为显示平台，以一定的速度控制输出菱形图形。要求每输出一个字符，延时一段时间，使人的眼睛能看清图形输出的整个过程。

2. 编写 C 程序

编程思路：先定义一个延时子函数，在项目任务 5.4 输出图形的基础上，每输出一个字符，调用该延时子函数，可以将延时时间稍加长一点，整个图形的输出过程也就看得更清晰些。程序流程图如图 8-1 所示。

图 8-1 程序流程图

源程序如下:

```
/*****************************************************************
*@File       chapter 8-1.c
*@Function   以一定的速度控制输出菱形图形
*****************************************************************/
#include<reg51.h>                          //预处理命令
#include<stdio.h>
#define uint unsigned int
#define uchar unsigned char
void main( )                               //定义主函数
  {
    int x,y;                               //定义变量
    void uart_init();                      //声明串行口初始化函数
    void delayms(uint xms);                //声明延时函数
    char diamond[][7]={
              {"   *   "},
```

```
                        {"   ***   "},
                        {"  *****  "},
                        {"*********"},
                        {"  *****  "},
                        {"   ***   "},
                        {"    *    "}
                                    };          //定义二维数组并初始化（菱形图案）
    uart_init();                                //打开串口
    for (x = 0; x < 7; x++)                     //二重 for 循环控制菱形图案
    {
        for (y = 0; y < 7; y++)
        {
            printf("%c", diamond[x][y]);        //取数组图案元素输出
            delayms(5000);                      //每输出一个字符延时
        }
        printf("\n");                           //每输出一整行图案后换行
    }
    while(1);                                   //空循环，程序暂停
}
void uart_init()                                //定义串行口初始化函数
{
    SCON = 0x52;
    TMOD = 0x20;
    TH1 = 0xf3;
    TR1 = 1;
}
void delayms(uint xms)                          //延时 xms 子函数
{
    uint i, j;
    for (i = xms; i>0; i--)
        for (j = 110; j>0; j--);
}
```

程序说明：上述程序功能单一，只是以一定的速度控制输出图案，如果想扩展功能，则需要增加一些语句，对程序进行适当的修改。例如：如果在输出图案的同时需要求图案中"*"的个数，如何实现呢？可以采用如下方法，读者可以上机试试。

在二重 for 循环语句中增加条件判断语句，对取出的每一个字符数组元素进行判断，如果字符数组元素是"*"，则星星总数加 1。最后，在整个图案输出完后再输出星星的总数即可。其参考程序段如下：

```
    for (x = 0; x < 7; x++)                     //二重 for 循环控制菱形图案
    {
        for (y = 0; y < 7; y++)
        {
            printf("%c", diamond[x][y]);        //取字符数组元素输出
            delayms(5000);                      //延时
            if(diamond[x][y]=='*')              //如果字符数组元素是"*"，则总数加 1
```

```
            n++;                            //n 代表星星的总数
        }
        printf("\n");                       //每输出一整行图案后换行
    }
        printf("total= %d",n);              //输出星星总数
    while(1);                               //空循环,程序暂停
}
```

3. 上机调试与仿真

(1) 打开 Keil 软件,建立工程;
(2) 输入源程序,使源程序编译连接正确;
(3) 使程序进入调试状态;
(4) 打开显示窗口;
(5) 采用单步(Step)或连续(Run)执行键运行程序,其仿真结果如图 8-2 所示。

图 8-2 仿真结果

8.2 模拟汽车转弯灯控制

1. 任务描述

汽车是现代人出行的重要工具,汽车上安装的信号灯是驾驶员向行人或驾驶员向其他驾驶员传递汽车行驶状态的语言工具。汽车信号灯一般包括倒车灯、刹车灯、转弯灯和雾灯等,其中,汽车转弯灯包括左转弯灯和右转弯灯,其显示状态如表 8-1 所示。现要求用 C 语言编程,采用键盘、LED 显示实验仿真板作为硬件平台,模拟汽车转弯灯控制。

表 8-1 汽车转弯灯显示状态

左转弯灯	右转弯灯	驾驶员命令
闪烁	闪烁	紧急或故障
闪烁	灭	向左转弯

续表

左转弯灯	右转弯灯	驾驶员命令
灭	闪烁	向右转弯
灭	灭	未发命令

2. 编写 C 程序

编程思路：

由键盘、LED 显示实验仿真板电路图可知，在本任务中，可以用两个 LED 发光二极管来模拟汽车左转弯灯和右转弯灯；用三个按键来模拟驾驶员发出的命令。

使用 P1 端口的 P1.0 和 P1.1 来模拟左转弯灯（LED1）和右转弯灯（LED2），P1 端口输出高电平（1），LED 灯灭；输出低电平（0），LED 灯亮。

使用 P3 端口的 P3.2、P3.3 和 P3.4 接三个按键 K1、K2 和 K3 来模拟驾驶员发出命令，分别代表紧急或故障命令、向右转弯命令和向左转弯命令。P3 端口对应的按键按下时为低电平（0），代表驾驶员发命令；按键未按下时为高电平（1），代表驾驶员没有发命令。

汽车转弯灯和驾驶员发出的命令之间的逻辑关系如表 8-2 所示。

表 8-2　汽车转弯灯与驾驶员发出命令

K1	K2	K3	LED1	LED2
0	1	1	闪烁	闪烁
1	0	1	灭	闪烁
1	1	0	闪烁	灭
1	1	1	灭	灭

根据表 8-2，用 if-else 语句嵌套和逻辑关系式即可写出模拟汽车转弯灯程序。程序流程图如图 8-3 所示。

图 8-3　模拟汽车转弯灯程序流程图

源程序如下：

```c
/*********************************************************************
*@File      chapter 8-2.c
*@Function  模拟汽车转弯灯控制
*********************************************************************/
#include <reg51.h>                    //预处理命令
#define uint unsigned int
#define uchar unsigned char
sbit LED1 = P1 ^ 0;                   //定义左转弯灯
sbit LED2 = P1 ^ 1;                   //定义右转弯灯
sbit K1 = P3 ^ 2;                     //定义紧急或故障情况按键
sbit K2 = P3 ^ 3;                     //定义右转弯按键
sbit K3 = P3 ^ 4;                     //定义左转弯按键
void delayms(uint xms)                //延时 xms 子函数
{
    uint i, j;
    for (i = xms; i>0; i--)
        for (j = 110; j>0; j--);
}
void main()                           //定义主函数
{
    while (1)                         //大循环
    {
        if (K1 == 0)                  //故障或紧急情况按键 K1 按下
        {
            LED1 = 0;                 //两灯闪烁
            LED2 = 0;
            delayms(5000);            //延时
            LED1=1;
            LED2=1;
            delayms(5000);            //延时
        }
        else if (K2 == 0)             //右转弯按键 K2 按下
        {
            LED1 = 1;                 //左转弯灯灭
            LED2 = 0;                 //右转弯灯闪烁
            delayms(5000);            //延时
            LED1 = 1;
            LED2 = 1;
            delayms(5000);            //延时
        }
        else if (K3 == 0)             //左转弯按键 K3 按下
        {
            LED1 = 0;                 //左转弯灯闪烁
            LED2 = 1;                 //右转弯灯灭
            delayms(5000);            //延时
```

```
                    LED1 = 1;
                    LED2 = 1;
                    delayms(5000);              //延时
                }
                else                            //无按键按下
                {
                    LED1 = 1;                   //左转弯灯灭
                    LED2 = 1;                   //右转弯灯灭
                }
            }
        }
```

3. 上机调试与仿真

（1）打开 Keil 软件，建立工程；
（2）输入源程序，使源程序编译连接正确，同时使程序进入调试状态；
（3）调出键盘、LED 显示实验仿真板；
（4）采用单步（Step）或连续（Run）执行键运行程序，其仿真结果如图 8-4 所示。

图 8-4　仿真结果

8.3　一键多功能控制

1. 任务描述

按键是人们在日常生活和工厂里使用最频繁的输入设备，是一种常用的控制电气元件，常用来接通或断开控制电路（其中电流很小），从而达到控制电动机或其他电气设备运行目的的一种开关。

现要求用 C 语言编程，采用键盘、LED 显示实验仿真板作为硬件平台，通过一个按键实现 8 个发光二极管 LED 灯多花样显示：按下按键一次，8 个发光二极管 LED 灯依次循环左移点亮；按下按键两次，8 个发光二极管 LED 灯依次循环右移点亮；按下按键三次，8 个发光二极管 LED 灯同时闪烁；按下按键四次，8 个发光二极管 LED 灯依次逐个点亮，显示跑马灯效果；按下按键五次，8 个发光二极管 LED 灯全灭。

2. 编写 C 程序

编程思路：

由键盘、LED 显示实验仿真板电路图可知，在本任务中，可以用一个按键来控制 8 个发光二极管 LED 灯亮灭。

使用 P3 端口的 P3.2 接一个按键来控制 P1 端口的 8 个发光二极管 LED 灯。P3.2 按键按下时为低电平（0），未按下时为高电平（1）。P1 端口输出高电平（1），LED 灯灭；输出低电平（0），LED 灯亮。其程序流程图如图 8-5 所示。

图 8-5 一键控制霓虹灯多功能显示程序流程图

源程序如下：

```
/***************************************************************
* @ File：    chapter 8-3.c
* @ Function： 一键控制霓虹灯多功能显示
***************************************************************/
#include<reg51.h>                                    //预处理命令
#define uchar unsigned char
```

```c
#define uint unsigned int
sbit Key = P3 ^ 2;                                              //定义按键
/*************定义霓虹灯花样十进制数形式********************************/
uchar   left[] = {254,252,248,240,224,192,128,0,255};           //Left
uchar   right[] = {127,63,31,15,7,3,1,0,255};                   //Right
uchar   shining[] = {255,0,255,0,255,0,255,0,255};              //Shining
uchar   running[] = {254,253,249,247,239,223,159,127,255,
                     127,159,223,239,247,249,253,254,255};      //Running
uchar num;                                                      //定义按键次数
void delayms(uint xms)                                          //延时 xms 子函数
{
    uint i, j;
    for (i = xms; i>0; i--)
        for (j = 110; j>0; j--);
}
void Led_style(uchar *p, uchar n)                               //LED 灯花样显示函数
{
    uchar x;
    for (x = 0; x < n; x++)
    {
        P1 = *p++;                                              //取 LED 灯花样代码送 P1 口并指向下一个花样
        delayms(5000);                                          //延时
    }
}
void main()                                                     //定义主函数
{
    while (1)                                                   //大循环
    {
        if (Key == 0)
        {
            num++;
            if (num == 5)num = 0;                               //num 归 0 再次循环
            while (Key == 0);                                   //等待按键松开完成一次有效动作,相当于 while(!Key);
        }
        switch (num)                                            //根据按下的次数执行相应的花样
        {
            case 1: Led_style(left, sizeof(left)); break;       //sizeof 运算符用来求 LED 灯花样字节数
            case 2:Led_style(right, sizeof(right)); break;
            case 3:Led_style(shining, sizeof(shining)); break;
            case 4:Led_style(running, sizeof(running)); break;
            default:P1 =255;                                    //全灭
        }
    }
}
```

程序说明：

（1）定义霓虹灯花样

在上述程序段中，定义霓虹灯花样采用的是十进制数形式，也可以采用十六进制数形式，读者可以上机试试。例如：

```
/**************定义霓虹灯花样采用十六进制数形式****************************/
uchar code left[]={0xfe,0xfc,0xf8,0xf0,0xe0,0xc0,0x80,0x00,0xff};    //Left
uchar code right[]={0x7f,0x3f,0x1f,0x0f,0x07,0x03,0x01,0x00,0xff};//Right
uchar code shining[]={0xff,0x00,0xff,0x00,0xff,0x00,0xff,0x00,0xff};   //Shining
uchar code running[]={0xfe,0xfd,0xfb,0xf7,0xef,0xdf,0xbf,0x7f,0xff,
                      0x7f,0xbf,0xdf,0xef,0xf7,0xfb,0xfd,0xfe,0xff};   //Running
```

（2）sizeof 运算符

程序段中出现了一个非常有用的运算符：sizeof 运算符，它的作用是求 LED 灯花样字节数，无论程序段中新增多少个花样，通过 sizeof 运算符都能直接计算出字节数并控制循环动作，不需要再去手工计算，这种快捷又实用的编程技巧，读者可以学习和试用。

3. 上机调试与仿真

（1）打开 Keil 软件，建立工程；

（2）输入源程序，使源程序编译连接正确；

（3）使程序进入调试状态；

（4）调出键盘、LED 显示实验仿真板；

（5）采用单步（Step）或连续（Run）执行键运行程序，其仿真结果如图 8-6 所示。

图 8-6　仿真结果

8.4　模拟交通灯 10 秒倒计时控制

1. 任务描述

城市道路的十字路口都有红黄绿交通灯控制系统，它与人们的生活息息相关。现要求用

C语言编程，采用51单片机实验仿真板作为硬件平台，编写一段延时1s的子函数作为基准时间，模拟交通灯显示状态要求，实现绿灯切换红灯时10s倒计时显示功能。

2. 编写C程序

编程思路：

由51单片机实验仿真板可知，可以利用仿真板上的一个数码管来显示9-8-7-6-5-4-3-2-1。字形代码通过仿真板P0端口的P0.0～P0.7送到数码管a～h各段，显示位通过仿真板P2端口的P2.0位送位码信号。在程序段中，让位码P2.0始终有效，同时，每隔1s从定义的字符数组中取一个字形代码送P0端口，通过循环语句控制就能实现10s倒计时。

程序流程图如图8-7所示。

图8-7 程序流程图

源程序如下：

```
/******************************************************
* @ File:    chapter 8-4.c
* @ Function:  模拟交通灯10s倒计时显示控制
******************************************************/
#include<reg51.h>                    //预处理命令
#define uint unsigned int
#define uchar unsigned char
sbit wei_code=P2^0;                   //定义用P2端口的P2.0作为位码接数码管公共端
                                     //共阳极数码管1～9字形码采用十六进制数形式
uchar  table[] = {249,164,176,153,146,130,248,128,144,255 };
void delayms(xms)                    //延时xms子函数
{
    uint i, j;
    for (i = xms; i>0; i--)
```

```
            for (j = 110; j>0; j--);
        }
        void main()                              //定义主函数
        {
            int num;                             //定义下标变量
            while (1)                            //大循环
            {
                for (num = 9; num>=0; num--)
                {
                    P0 = table[num];             //送字形代码
                    wei_code = 0;                //位码有效
                    delayms(10000);              //延时
                }
            }
        }
```

程序说明：

（1）在上述程序中，table[]一维数组中定义共阳极数码管1～9字形代码采用的是十进制数形式，也可以采用十六进制数形式。例如：

```
uchar   table[] = {0xf9,0xa4,0xb0,0x99,0x92,0x82,0xf8,0x80,0x90,0xff};
```

（2）位码可以采用特殊位定义（sbit wei_code=P2^0;）形式，也可以采用P2端口整字节形式直接送8位数代码，原则是只要保证P2端口的P2.0位为低电平，其他位为高电平。例如：

```
P2=0xfe;         //位码有效（十六进制数形式）
```

或

```
P2=254;          //位码有效（十进制数形式）
```

（3）由于程序段中的字形代码是从最后一个开始取的，所以for循环语句采用降序方式，且一维字符数组下标变量num必须定义成有符号类型（int）。如果将一维字符数组下标变量num定义成无符号类型（uint），程序将无法进行下一次循环。

以上几点说明读者都可以上机试试。

3. 上机调试与仿真

- 打开Keil软件，建立工程；
- 输入源程序，使源程序编译连接正确；
- 使程序进入调试状态；
- 调出键盘、LED显示实验仿真板；
- 采用单步（Step）或连续（Run）执行键运行程序，其仿真结果如图8-8所示。

项目 8　C 语言综合程序设计

图 8-8　仿真结果

8.5　LED 电子广告牌控制

1. 任务描述

采用 51 单片机实验仿真板作为硬件平台，用 C 语言编程，在实验仿真板上显示输出如下信息：

HELLO！

要求每输出一个字符，稍加延时，使人的眼睛能看清完整稳定的显示画面。

2. 编写 C 程序

编程思路：

在本项目 8.4 模拟交通灯 10s 倒计时控制的基础上，分时选中各个数码管，送对应的字形代码。每送出一个字形代码，让 8 个数码管中对应的位码有效，显示所要求的字符后，调用延时子函数稍加延时，再送下一个字符代码，同时让对应的位码有效，如此循环。注意延时时间从第一个数码管到第八个数码管时间不能过长（20ms 内），否则，人的眼睛看到的就是分别显示的单个字符，而不能构成完整画面。

"HELLO！"显示字形代码与位码关系如表 8-3 所示。

表 8-3　"HELLO！"显示字形代码与位码关系

显示字符	字形代码		字位代码	
	十进制数	十六进制数	十进制数	十六进制数
空格	255	ff	127	7f
H	137	89	191	bf

续表

显示字符	字形代码		字位代码	
	十进制数	十六进制数	十进制数	十六进制数
E	134	86	223	df
L	199	C7	239	ef
L	199	C7	247	f7
O	192	C0	251	fb
!	121	79	253	fd
空格	255	ff	254	fe

源程序如下：

```
/****************************************************************
 * @ File：     chapter 8-5.c
 * @ Function：   LED 电子广告牌显示"HELLO！"
 ****************************************************************/
#include<reg51.h>                                //预处理命令
#define uchar unsigned char
#define uint unsigned int
uchar table[]= {255,137,134,199,199,192,121,255};   //"HELLO!"字形代码（十进制数形式）
uchar wei_code[]= {127,191,223,239,247,251,253,254}; //位选码（十进制数形式）
void delayms(uint xms)                            //延时 xms 子函数
{
    uint i, j;
    for (i = xms; i>0; i--)
        for (j = 110; j>0; j--);
}
void main()                                       //定义主函数
{
    uchar num;                                    //定义下标变量
    while (1)                                     //大循环
    {
        for (num = 0; num<8; num++)
        {
            P0 = table[num];                      //送字形码
            P2 = wei_code[num];                   //送位选码
            delayms(1);                           //延时
        }
    }
}
```

程序说明：

（1）在上述程序段中，table[]一维数组和 wei_code[]一维数组中分别定义共阳极数码管 1～9 字形代码和 8 个数码管的位选码，采用的是十进制数形式，也可以采用十六进制数形式。例如：

```
    uchar    table[]= { 0xff, 0x89, 0x86, 0xc7, 0xc7, 0xc0, 0x79, 0xff };//"HELLO!"字形码(十六进制数
                                                                       //形式)
    uchar    wei_code[]= { 0x7f, 0xbf, 0xdf, 0xef, 0xf7, 0xfb, 0xfd, 0xfe };//位选码(十六进制数形式)
```

（2）上述程序段只是完成一屏信息显示，如果需要显示两屏或多屏信息，可以在此程序段的基础上再增加二重 for 循环，变成三重 for 循环控制。最外层 for 循环控制屏数，中间层 for 循环控制每屏显示的时间，最内层 for 循环完成每屏 8 个数码管信息的扫描。下面程序段完成"HELLO!"和"01234567"两屏信息静态交替显示。读者可以上机试试。

```
        #include<reg51.h>                                          //预处理命令
        #define uchar unsigned char
        #define uint unsigned int
        uchar num, x;
        uint MoveSpeed;
        uchar table1[] = { 255, 137, 134, 199, 199, 192, 121, 255 };   //"HELLO!"字形代码(十进制数形
                                                                       //式)
        uchar    table2[] = {192, 249, 164, 176, 153, 146, 130, 248 };  //共阳极数码管 0~7 字形码采用十进
                                                                       //制数形式
        //uchar    table1[]= { 0xff, 0x89, 0x86, 0xc7, 0xc7, 0xc0, 0x79, 0xff };//"HELLO!"字形码(十六进制
                                                                       //数形式)
        //uchar    table2[] = {0xc0,0xf9,0xa4,0xb0,0x99,0x92,0x82,0xf8};//共阳极数码管 0~7 字形码(十六进
                                                                       //制数形式)
        uchar wei_code[] = { 127, 191, 223, 239, 247, 251, 253, 254 };//位选码(十进制数形式)
        //uchar    wei_code[]= { 0x7f, 0xbf, 0xdf, 0xef, 0xf7, 0xfb, 0xfd, 0xfe };//位选码(十六进制数形式)
        void delayms(uint xms)                                     //延时 xms 子函数
        {
            uint i, j;
            for (i = xms; i>0; i--)
            for (j = 110; j>0; j--);
        }
        void main()
        {
            while (1)
            {
                for (x = 0; x<2; x++)                              //屏数控制(共 2 屏)
                {
                    for (MoveSpeed = 0; MoveSpeed <= 500; MoveSpeed++)    //每屏显示时间 500*8ms=4s
                    {
                        for (num = 0; num<8; num++)                //8 个数码管轮流扫描一遍
                        {
                            P0 = table1[num + 8 * x];              //送字形码，每个字符相差 8 个字节代码
                            P2 = wei_code[num];                    //送位选码
                            delayms(1);                            //延时约 1ms
                        }
                    }
                }
```

        }
    }

3. 上机调试与仿真

（1）打开 Keil 软件，建立工程；

（2）输入源程序，使源程序编译连接正确；

（3）使程序进入调试状态；

（4）调出键盘、LED 显示实验仿真板；

（5）采用单步（Step）或连续（Run）执行键运行程序，其仿真结果如图 8-9 所示。

```
10   void delayms(uint xms)      //延时xms子函数
11   {
12     uint i, j;
13       for (i = xms; i>0; i--)
14         for (j = 110; j>0; j--);
15   }
16   void main()                 //定义主函数
17   {
18     uchar num;                //定义下标变量
19     while (1)                 //大循环
20     {
21       for (num = 0; num<8; num++)
22       {
23         P0 = table[num];      //送字形码
24         P2 = wei_code[num];   //送位选码
25         delayms(1);           //延时
26       }
27     }
28   }
29
```

图 8-9　仿真结果

归纳与总结

学习的目的，不仅仅是学习某一个知识体系，更重要的是知道如何利用这些知识去解决生产实际问题。本项目引入 5 个典型的工程应用实例，通过 C 语言编程实现图形输出速度控制、模拟汽车转弯灯控制、一键多功能控制、模拟交通灯 10s 倒计时控制和 LED 电子广告牌控制，进一步认识和掌握 C 语言在工程实际中的具体应用，从中获得解决工程实际问题的方法。

练习题

1. 用 C 语言编程实现以下功能。

（1）以一定的速度控制输出以下图案。

```
*******
 *******
  *******
   ***$***
    *******
```

（2）找出是否有关键字"$"，若有，则显示找到了的信息，并显示其所在的行号和列号；

（3）求"*"的总个数并输出。

2. 用 C 语言编程，采用 51 单片机实验仿真板作为硬件平台，在数码管仿真模块上静态显示以下信息：

  16221-39

3. 用 C 语言编程，利用 51 单片机实验仿真板作为硬件平台。

（1）在数码管仿真模块上轮流静态显示下面的三屏信息。

  第一屏：20160823

  第二屏：16221-39

  第三屏：2019-06

（2）程序进入无限循环控制，使三屏信息轮流循环显示。要求每一屏固定显示时间保持 4s 左右，然后切换到下一屏。即第一屏信息显示 4s 后，切换到第二屏，第二屏信息显示 4s 后，切换到第三屏，第三屏信息显示 4s 后，又重复进入到第一屏，以此不断循环显示。

（3）以一定的速度滚屏显示以上三屏信息。

4. 用 C 语言编程，采用 51 单片机实验仿真板作为硬件平台，在数码管仿真模块上以一定的速度滚屏显示以下信息：

  --End--

5. 请参考附录 B，以多文件形式编程，采用键盘、LED 显示实验仿真板作为硬件平台，实现模拟汽车转弯灯控制。

6. 请参考附录 B，以多文件形式编程，采用 51 单片机实验仿真板作为硬件平台，实现模拟交通灯 10s 倒计时控制。

附录 A 仿真实验板简介

为了使初学者更好地学习 C 语言和单片机，平凡单片机利用 Keil 提供的 AGSI 接口开发了两块仿真实验板，键盘、LED 显示实验仿真板和单片机实验仿真板，读者可以从平凡单片机网站下载（www.mcustudio.com）。

1. 仿真实验板模块组成

（1）键盘、LED 显示实验仿真板

键盘、LED 显示实验仿真板如图 A-1 所示。仿真板上共有 2 个仿真模块，分别是 LED 灯模块和独立按键模块。

① LED 灯模块：通过 P1 端口的 8 位（P1.0～P1.7），接 8 个发光二极管 LED；

② 独立按键模块：通过 P3 端口的 4 位（P3.2～P3.5），接 4 个独立式按键。

图 A-1 键盘、LED 显示实验仿真板

（2）单片机实验仿真板

单片机实验仿真板如图 A-2 所示。仿真板上共有 4 个仿真模块，分别是 LED 灯模块、数码管模块、矩阵按键模块和脉冲源模块。

① LED 灯模块：通过 P1 端口的 8 位（P1.0～P1.7），接 8 个发光二极管 LED；

② 数码管模块：通过 P0 端口的 8 位（P0.0～P0.7）和 P2 端口的 8 位（P2.0～P2.7）接 8 个共阳极 LED 数码管；

③ 矩阵按键模块：通过 P3 端口的 8 位（(P3.0～P3.7）接 16 个按键，16 个按键排列成 4×4 矩阵形式；

④ 脉冲源模块：单独连接。

图 A-2　单片机实验仿真板

2. 仿真实验板模块电路及工作原理

由前所知，两块仿真实验板上共有 5 个仿真模块，由于在本教材里未涉及矩阵按键模块和脉冲源模块，故在此省略这 2 个模块的介绍。

（1）LED 灯模块

8 个 LED 发光二极管显示模块电路如图 A-3 所示。

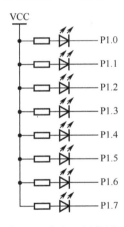

图 A-3　8 个 LED 发光二极管显示模块电路

8 个 LED 发光二极管连接成共阳极形式。由发光二极管工作原理知，P1 端口相应的位（P1.0～P1.7）为低电平时，点亮对应的发光二极管。

（2）独立按键模块

4 个独立式按键模块电路如图 A-4 所示。

按键按下时，P3 端口相应的位（P3.2～P3.5）为低电平，按键弹开时，P3 端口为高电平。

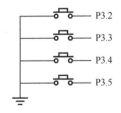

图 A-4　4 个独立式按键模块电路

（3）数码管模块

数码管模块由 8 个共阳极数码管连接而成，分别由 P0 端口控制段码、P2 端口控制位码。

先介绍单个数码管模块,其电路如图 A-5 所示。

图 A-5　单个数码管模块电路

单个数码管 a~h 八段接成共阳极形式,a~h 各段低电平时,对应的发光二极管阴极有效;阳极公共端接有反相驱动器,故阳极公共端也是低电平时有效。当满足这两个条件时,数码管将正常发光,显示所要的字符。

8 个数码管显示模块电路如图 A-6 所示。

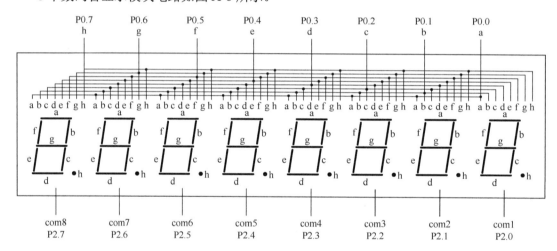

图 A-6　8 个数码管显示模块电路

仿真实验板上的 8 个数码管各段(a~h 段)分别对应连接在一起接 P0 端口,即 8 个 a 段连接在一起接 P0.0、8 个 b 段连接在一起接 P0.1…。最后,8 个 h 段连接在一起接 P0.7,这样,就由 P0 端口控制数码管段码,低电平时有效;8 个数码管的公共端分别接 P2 端口的 8 位(P2.0~P2.7),控制数码管位码,低电平时有效。

3. 仿真实验板的安装

这两块仿真实验板实际上是两个 dll 文件,名称分别是 LEDkey.dll 和 simboard.dll,其安装方法如下:

将 LEDkey.dll 和 simboard.dll 两个文件复制到 Keil μVision 4 的安装目录下的"Keil\C 语言\BIN"中,然后修改 Tool.ini,此文件位于 Keil μVision4 的安装目录"Keil"下,把

AGSI1=LEDkey.dll ("LEDkey")和 AGSI2=simboard.dll ("simboard")添加到"C 语言"部分的后面，然后重启 Keil 软件，就可以在程序调试中应用这两块仿真实验板来观察程序运行的结果。

4. 仿真实验板的使用

在使用仿真实验板之前，必须对工程进行设置，设置的方法如下：

单击"Project"→"Option for Target "Target 1""打开对话框，然后单击"Debug"标签页，选中"Use Simulater"。

接着编译程序，之后单击"Debug"→"Start/Stop Debug Session"或者"Start/Stop Debug Session"的快捷图标，然后单击"Peripherals"选择所需要的仿真板，最后单击"Debug"→"Run"或"Run"的快捷图标，就可以看到对应程序的运行结果。

（1）键盘、LED 显示实验仿真板测试

以下为键盘、LED 显示实验仿真板测试程序。

```c
#include<reg51.h>                    //预处理命令
#define uint unsigned int
void delayms(uint xms)               //延时 xms 子函数
{
    uint i, j;
    for (i = xms; i>0; i--)
        for (j = 110; j>0; j--);
}
void main()                          //定义主函数
{
    while(1)                         //大循环
    {
        P1=0xaa;
        delayms(10000);              //延时
        P1=0xff;
        delayms(10000);              //延时
    }
}
```

打开 Keil 软件，建立工程，编辑、编译、连接、调试与运行程序，其仿真结果如图 A-7 所示。

图 A-7　仿真结果

（2）51 单片机实验仿真板测试

以下为 51 单片机实验仿真板数码管 a～h 段测试程序。

```c
#include<reg51.h>                                    //预处理命令
#define uint unsigned int
#define uchar unsigned char
uchar   table[] ={ 254,253,251,247,239,223,191,127};  //测试 a～h 各段代码
void delayms(uint xms)                                //延时 xms 子函数
{
    uint i, j;
        for (i = xms; i>0; i--)
            for (j = 110; j>0; j--);
}
void main()                                           //定义主函数
{
    int   num;                                        //定义下标变量
    while (1)                                         //大循环
    {
        for (num = 0; num<8; num++)
        {
            P0 = table[num];                          //送字形代码
            P2 = 254;                                 //位码有效（十进制数形式）
            delayms(10000);                           //延时
        }
    }
}
```

打开 Keil 软件，建立工程，编辑、编译、连接、调试与运行程序，其仿真结果如图 A-8 所示。

图 A-8　仿真结果

附录 B 多文件 C 程序使用方法

前面各个项目中所介绍的 C 程序都是单文件，即一个 C 程序只包含一个源程序文件。然而在实际应用中，对一个较大的系统来说，由于程序较大，一般不希望把所有内容全部放在一个源程序文件中，而是将它们按程序模块分别放在若干个源文件中，由若干个源程序文件组成一个 C 程序。一个源程序文件是一个编译单位，这样便于分别编写和编译，提高调试效率。一个 C 程序包含多个源程序文件，这样就需要建立一个项目文件（新建项目），在这个项目文件中，包含多个文件（包括源文件和头文件）。在编译时，系统会分别对项目文件中的每个文件进行编译，然后将所得到的目标文件连接成为一个整体，再与系统的有关资源连接，生成一个可执行文件，最后执行这个文件。

这里介绍多文件 C 程序的编写、编译与调试方法。具体步骤如下。

（1）分别编辑好同一程序中的各个源程序文件，并存放在各自指定的路径下。
（2）建立一个项目文件，即新建工程。
（3）将各个源程序文件添加到此项目文件中。
（4）编译和连接项目文件。
（5）执行可执行文件。

下面以多文件形式输出菱形图案为例，说明多文件 C 程序的具体应用。

要求：采用多文件形式编程输出以下菱形图案。

```
    *
   ***
  *****
   ***
    *
```

编程思路：分别编写两个源文件模块 file 1、file 2 和一个头文件 lingxing.h。

（1）源文件 file 1 包含主函数，源文件 file 2 包含串行口初始化函数 uart_init()、空格个数函数 kk()、星号个数函数 xx()、调用输出函数 kx() 和图案状态函数 zt() 等五个子函数。

（2）在源文件 file 1 中定义外部变量 h、k、x，在源文件 file 2 中用 extern 声明外部变量 h、k、x，这样，外部变量 h、k、x 的作用域便扩展到 file 2 源文件中。

（3）用头文件 lingxing 将源文件 file 1 和源文件 file 2 联系在一起。

源程序文件和头文件程序如下：

文件 file 1.c 如下：

```
#include<reg51.h>              //预处理命令
#include<stdio.h>
#include"lingxing.h"
char h=8,k=0,x=0;              //h（图案第几行）、k（空格个数）、x（星号个数）
void main()                    //定义主函数
```

```
    {
        void uart_init();              //声明串行口初始化函数
        uart_init();                   //调用串行口初始化函数,打开串口
        while(--h)                     //图案行数选择
        {
            zt();                      //图案状态调用
            kx();                      //输出调用,该函数调用输出星号、空格两子函数
        }
        while(1);                      //空循环,程序暂停
    }
```

文件 file 2.c 如下:

```
#include<reg51.h>                     //预处理命令
#include<stdio.h>
#include"lingxing.h"
extern char k,x,h;                    //声明外部变量
void uart_init()                      //定义串行口初始化函数
{
    SCON = 0x52;
    TMOD = 0x20;
    TH1 = 0xf3;
    TR1 = 1;
}
void kk(void)                         //定义空格个数函数
{
char i;
for(i=0;i<k;printf(" "),i++);
}
void xx(void)                         //定义星号个数函数
{
char i;
for(i=0;i<x;printf("*"),i++);
}
void kx(void)                         //定义调用输出函数
{
kk();
xx();
printf("\n");
}
void zt(void)                         //定义图案状态函数
{
    switch(h)                         //行数选择
    {
        case 1 :k=3;x=1;break;        //    *        3 空格,1 星号
        case 2 :k=2;x=3;break;        //   ***       2 空格,3 星号
        case 3 :k=1;x=5;break;        //  *****      1 空格,5 星号
```

```
                case 4 :k=2;x=3;break;          //   ***        2 空格，3 星号
                case 5 :k=3;x=1;break;          //    *         3 空格，1 星号
            }
    }
```

头文件 lingxing.h：

```
#ifndef __lingxing_h__
#define __lingxing_h__
void ck(void);
void kx(void);
void zt(void);
#endif
```

上机调试与运行程序：

步骤 1：新建一个文件夹，打开 Keil 软件，新建项目文件，项目文件必须放在文件夹路径下。

步骤 2：在项目文件工作区分别输入源程序文件 file 1.c、file 2.c 和头文件 lingxing.h，并将它们保存在新建的文件夹路径下。

步骤 3：添加源程序文件 file 1.c、file 2.c 至项目文件下。

步骤 4：编译和连接该项目文件，正确无误后生成可执行文件。

步骤 5：进入调试状态，打开串行口窗口，运行可执行文件，观察结果。

多文件形式输出菱形图案的项目调试窗口和运行结果如图 B-1 和图 B-2 所示。

图 B-1　项目调试窗口

图 B-2 运行结果

附录 C C 库函数

C51 编译器提供了丰富的库函数，使用库函数可以大大简化用户的程序设计工作从而提高编程效率。基于 C51 系列单片机本身的特点，某些库函数的参数和调用格式与 ANSIC 标准有所不同。

每个库函数在相应的头文件中都给出了函数原型声明，用户如果需要使用库函数，必须在源程序的开始处采用预处理命令#include，将有关的头文件包含进来。下面是 C51 中常见的库函数。

C.1 寄存器库函数 REG×××.H

在 REG×××.H 的头文件中定义了 C51 的所有特殊功能寄存器和相应的位，定义时都用大写字母。当在程序的头部把寄存器库函数 REG×××.H 包含后，在程序中就可以直接使用 C51 中的特殊功能寄存器和相应的位了。

C.2 字符函数 CTYPE.H

函数原型：extern bit isalpha(char c)
再入属性：reentrant
功能：检查参数字符是否为英文字母，是则返回 1，否则返回 0。

函数原型：extern bit isalnum(char c)
再入属性：reentrant
功能：检查参数字符是否为英文字母或数字字符，是则返回 1，否则返回 0。

函数原型：extern bit iscntrl(char c)
再入属性：reentrant
功能：检查参数字符是否在 0x00～0x1f 之间或等于 0x7f，是则返回 1，否则返回 0。

函数原型：extern bit isdigit(char c)
再入属性：reentrant
功能：检查参数字符是否为数字字符，是则返回 1，否则返回 0。

函数原型：extern bit isgraph(char c)
再入属性：reentrant
功能：检查参数字符是否为可打印字符，可打印字符的 ASCII 值为 0x21～0x7e，是则返回 1，否则返回 0。

函数原型：extern bit isprint(char c)
再入属性：reentrant
功能：部分功能与 isgraph 相同，还接收空格符（0x20）。

函数原型：extern bit ispunct(char c)
再入属性：reentrant
功能：检查参数字符是否为标点、空格或格式字符，是则返回 1，否则返回 0。

函数原型：extern bit islower (char c)
再入属性：reentrant
功能：检查参数字符是否为小写英文字母，是则返回 1，否则返回 0。

函数原型：extern bit isupper(char c)
再入属性：reentrant
功能：检查参数字符是否为大写英文字母，是则返回 1，否则返回 0。

函数原型：extern bit isspace(char c)
再入属性：reentrant
功能：检查参数字符是否为空格、制表符、回车、换行、垂直制表符或送纸，是则返回 1，否则返回 0。

函数原型：extern bit isxdigit (char c)
再入属性：reentrant
功能：检查参数字符是否为十六进制数字字符，是则返回 1，否则返回 0。

函数原型：extern char toint (char c)
再入属性：reentrant
功能：将 ASCII 字符的 0～9、A～F 转换为十六进制数，返回值为 0～F。

函数原型：extern char tolower (charc)
再入属性：reentrant
功能：将大写字母转换成小写字母，如果不是大写字母，则不做转换直接返回相应的内容。

函数原型：extern char toupper(char c)
再入属性：reentrant
功能：将小写字母转换成大写字母，如果不是小写字母，则不做转换直接返回相应的内容。

C.3 一般输入/输出函数 STDIO.H

C51 库中包含的输入/输出函数 STDIO.H 是通过 C51 的串行口工作的。在使用输入/输出函数 STDIO.H 库中的函数之前，应先对串行口进行初始化。例如，波特率为 2400bps（时钟频率为 12MHz），则初始化程序如下所示。

```
SCON=0x52;
TMOD=0x20;
TH1=0xf3;
TR1=1;
```

当然也可以用其他的波特率。

在输入/输出函数 STDIO.H 中，库中的所有其他的函数都依赖 getkey()和 putchar()函数，如果希望支持其他 I/O 接口，只需修改这两个函数。

函数原型：extem char _getkey(void)
再入属性：reentrant
功能：从串口读入一个字符，不显示。

函数原型：extem char getkey(void)
再入属性：reentrant
功能：从串口读入一个字符，并通过串口输出对应的字符。

函数原型：extem char putchar(char c)
再入属性：reentrant
功能：从串口输出一个字符。

函数原型：extem char *gets(char *string,int len)
再入属性：non-reentrant
功能：从串口读入一个长度为 len 的字符串存入 string 指定的位置，输入以换行符结束。输入成功则返回传入的参数指针，失败则返回 NULL。

函数原型：extem char ungetchar(char c)
再入属性：reentrant
功能：将输入的字符送到输入缓冲区并将其值返回给调用者，下次使用 gets 或 getchar 时可得到该字符，但不能返回多个字符。

函数原型：extem char ungetkey(char c)
再入属性：reentrant
功能：将输入的字符送到输入缓冲区并将其值返回给调用者，下次使用_getkey 时可得到该字符，但不能返回多个字符。

函数原型：extem int printf(const char *fmtstr[,argument] ...)
再入属性：non-reentrant
功能：以一定的格式通过 C51 的串口输出数值或字符串，返回实际输出的字符数。

函数原型：extem int sprintf(char * buffer,const char * fmtstr[,argument])
再入属性：non-reentrant
功能：sprintf 与 printf 的功能相似，但数据不是输出到串口，而是通过一个指针 buffer 送入可寻址的内存缓冲区，并以 ASCII 码形式存放。

函数原型：extem int puts (const char * string)
再入属性：reentrant
功能：将字符串和换行符写入串行口，错误时返回 EOF，否则返回一个非负数。

函数原型：extem int scanf(const char * fintstr[,argument]...)
再入属性：non-reentrant
功能：以一定的格式通过 C51 的串口读入数据或字符串，存入指定的存储单元。
注意：每个参数都必须是指针类型，scanf 返回输入的项数，错误时返回 EOF。

函数原型：extem int sscanf(char *buffer,const char * fintsr[,argument])
再入属性：non-reentrant
功能：sscanf 与 scanf 功能相似，但字符串的输入不是通过串口，而是通过另一个以空结束的指针。

C.4　内部函数 INTRINS.H

函数原型：unsigned char _crol_(unsigned char var,unsigned char n)
　　　　　unsigned int _irol_(unsigned int var,unsigned char n)
　　　　　unsigned long _irol_(unsigned long var,unsigned char n)
再入属性：reentrant/intrinse
功能：将变量 var 循环左移 n 位，它们与 C51 单片机的"RL A"指令相关。这 3 个函数的不同之处在于变量的类型与返回值的类型不同。

函数原型：unsigned char _cror_(unsigned char var,unsigned char n)
　　　　　unsigned int _iror_(unsigned int var,unsigned char n)
　　　　　unsigned long _iror_(unsigned long var,unsigned char n)
再入属性：reentrant/intrinse
功能：将变量 var 循环右移 n 位，它们与 C51 单片机的"RR A"指令相关。这 3 个函数不同之处在于变量的类型与返回值的类型不同。

函数原型：void _nop_(void)
再入属性：reentrant/intrinse
功能：产生一个C51单片机的NOP指令。

函数原型：bit _testbit_(bit b)
再入属性：reentrant/intrinse
功能：产生一个C51单片机的JBC指令。该函数对字节中的一位进行测试。如为1则返回1，如为0则返回0。该函数只能对可寻址位进行测试。

C.5　标准函数 STDLI8.H

函数原型：float atof(void *string)
再入属性：non-reentrant
功能：将字符串 string 转换成浮点数并返回。

函数原型：long atol(void *string)
再入属性：non-reentrant
功能：将字符串 string 转换成长整型数并返回。

函数原型：int atoi(void *string)
再入属性：non-reentrant
功能：将字符串 string 转换成整型数并返回。

函数原型：void *calloc(unsigned int num,unsigned int len)
再入属性：non-reentrant
功能：返回n个具有len长度的内存指针，如果无内存空间可用，则返回NULL，所分配的内存区域自动进行初始化。

函数原型：void *malloc(unsigned int size)
再入属性：non-reentrant
功能：返回一个具有size长度的内存指针，如果无内存空间可用，则返回NULL，所分配的内存区域不进行初始化。

函数原型：void *realloc (void xdata *p, unsigned int size)
再入属性：non-reentrant
功能：改变指针 p 所指向的内存单元的大小，原内存单元的内容被复制到新的存储单元中，如果该内存单元的区域较大，多出的部分不做初始化。realloc 函数返回指向新存储区的指针，如果无足够大的内存可用，则返回 NULL。

函数原型：void free(void xdata *p)

再入属性：non-reentrant

功能：释放指针 p 所指向的存储器区域，如果返回值为 NULL，则该函数无效，p 必须为以前用 calloc、malloc 或 realloc 函数分配的存储器区域。

函数原型：void init_mempool(void *data *p，unsigned int size)
再入属性：non-reentrant

功能：对被 calloc、malloc 或 realloc 函数分配的存储器区域进行初始化。指针 p 指向存储器区域的首地址，size 表示存储区域的大小。

C.6 字符串函数 STRING.H

函数原型：void *memcopy(void *dest,void *src,char val,int len)
再入属性：non-reentrant

功能：复制字符串 src 中 len 个元素到字符串 dest 中。如果实际复制了 len 个字符则返回 NULL。复制过程在复制完字符 val 后停止，此时返回指向 dest 中下一个元素的指针。

函数原型：void *memmove (void *dest,void *src,int len)
再入属性：reentrant/intrinse

功能：memmove 的工作方式与 memcopy 相同，只是复制的区域可以交叠。

函数原型：void *memchr (void *buf,char c,int len)
再入属性：reentrant/intrinse

功能：顺序搜索字符串 buf 的前 len 个字符以找出字符 val，成功后返回 buf 中指向 val 的指针，失败时返回 NULL。

函数原型：char memcmp(void *buf1,void * buf2,int len)
再入属性：reentrant/intrinse

功能：逐个比较字符串 buf1 和 buf2 的前 len 个字符，相等时返回 0；如 buf1 大于 buf2，则返回一个正数；如 buf1 小于 buf2，则返回一个负数。

函数原型：void *memcopy(void *dest,void *src,int len)
再入属性：reentrant/intrinse

功能：从 src 所指向的存储器单元复制 len 个字符到 dest 中，返回指向 dest 中最后一个字符的指针。

函数原型：void *memset (void *buf,char c,int len)
再入属性：reentrant/intrinse

功能：用 val 来填充指针 buf 中 len 个字符。

函数原型：char *strcat (char *dest,char *src)

再入属性：non-reentrant
功能：将字符串 dest 复制到字符串 src 的尾部。

函数原型：char *strncat (char *dest,char *src,int len)
再入属性：non-reentrant
功能：将字符串 dest 的 len 个字符复制到字符串 src 的尾部。

函数原型：char strcmp (char * string1,char *string2)
再入属性：reentrant/intrinse
功能：比较字符串 string1 和 string2，相等则返回 0；string1>string2，则返回一个正数；string 1<string2，则返回一个负数。

函数原型：char strncmp(char *string1,char * string2,int len)
再入属性：non-reentrant
功能：比较字符串 string1 与 string2 的前 len 个字符，返回值与 strcmp 相同。

函数原型：char *strcpy (char *dest,char *src)
再入属性：reentrant/intrinse
功能：将字符串 src（包括结束符）复制到字符串 dest 中，返回指向 dest 中第一个字符的指针。

函数原型：char strncpy (char *dest,char*src,int len)
再入属性：reentrant/intrinse
功能：strncpy 与 strcpy 相似，但它只复制 len 个字符。如果 src 的长度小于 len，则 dest 以 0 补齐到长度 len。

函数原型：int strlen (char *src)
再入属性：reentrant
功能：返回字符串 src 中的字符个数，包括结束符。

函数原型：char*strchr (const char * string,char c)
　　　　　int strpos (const char *string,char c)
再入属性：reentrant
功能：strchr 搜索 string 中第一个出现的字符 c，如果找到则返回指向该字符的指针，否则返回 NULL。被搜索的字符可以是字符串结束符，此时返回值是指向字符串结束符的指针。strpos 的功能与 strchr 类似，但返回的是字符 c 在字符串中出现的位置或-1，string 中首字符位置是 0。

函数原型：int strlen (char *src)
再入属性：reentrant

功能：返回字符串 src 中的字符个数，包括结束符。

函数原型：char *strchr (const char *string,char c)
　　　　　int strpos (const char *string,char c)
再入属性：reentrant
功能：strchr 搜索 string 中最后一个出现的字符 c，如果找到则返回指向该字符的指针，否则返回 NULL。被搜索的字符可以是字符串结束符，此时返回值是指向字符串结束符的指针。strpos 的功能与 strchr 类似，但返回的是字符 c 在字符串中最后一次出现的位置或-1。

函数原型：int strspn(char *string,char *set)
　　　　　int strcspn(char *string,char * set)
　　　　　char *strpbrk (char *string,char *set)
　　　　　char * strrpbrk (char *string,char *set)
再入属性：non-reentrant
功能：strspn 搜索 string 中第一个不包括在 set 串中的字符，返回值是 string 中包括在 set 里的字符个数。如果 string 中所有的字符都包括在 set 里面，则返回 string 的长度（不包括结束符），如果 set 是空则返回 0。

strcspn 与 strspn 相似，但它搜索的是 string 中第一个包含在 set 里的字符。strpbrk 与 strspn 相似，但返回指向搜索到的字符的指针，而不是个数，如果未搜索到，则返回 NULL。strrpbrk 与 strpbrk 相似，但它返回的是指向搜索到的字符的最后一个字符指针。

C.7　数学函数 MATH.H

函数原型：extem int abs(int i)
　　　　　extem char cabs(char i)
　　　　　extem float fabs(float i)
　　　　　extem long labs(long i)
再入属性：reentrant
功能：计算并返回 i 的绝对值。这 4 个函数除了变量和返回值类型不同之外，其他功能完全相同。

函数原型：extem float exp(float i)
　　　　　extem float log(float i)
　　　　　extem float log10(float i)
再入属性：non-reentrant
功能：exp 返回以 e 为底的 i 的幂，log 返回 i 的自然对数（e = 2.718282），log10 返回以 10 为底的 i 的对数。

函数原型：extem float sqrt(float i)
再入属性：non-reentrant

功能：返回 i 的正平方根。

函数原型：extem int rand( )
　　　　　extem void srand(int i)
再入属性：reentrant/non-reentrant
功能：rand 返回一个 0～32767 之间的伪随机数，srand 用来将随机数发生器初始化成一个已知的值，对 rand 的相继调用将产生相同序列的随机数。

函数原型：extem float cos(float i)
　　　　　extem float sin(float i)
　　　　　extem float tan(float i)
再入属性：non-reentrant
功能：cos 返回 i 的余弦值，sin 返回 i 的正弦值，tan 返回 i 的正切值，所有函数的变量范围都是 $-\pi/2 \sim +\pi/2$，变量的值必须在 ±65535 之间，否则会产生一个 NaN 错误。

函数原型：extem float acos(float i)
　　　　　extem float asin(float i)
　　　　　extem float atan(float i)
　　　　　extem float atan2(float i,float j)
再入属性：non-reentrant
功能：acos 返回 i 的反余弦值，asin 返回 i 的反正弦值，atan 返回 i 的反正切值，所有函数的值域都是 $-\pi/2 \sim +\pi/2$，atan2 返回 i/j 的反正切值，其值域为 $-\pi \sim +\pi$。

函数原型：extem float cosh(float i)
　　　　　extem float sinh(float i)
　　　　　extem float tanh(float i)
再入属性：non-reentrant
功能：cosh 返回 i 的双曲余弦值，sinh 返回 i 的双曲正弦值，tanh 返回 i 的双曲正切值。

C.8　绝对地址访问函数 A8SACC.H

函数原型：#define CBYTE((unsigned char *)0x50000L)
　　　　　#define DBYTE((unsigned char *)0x40000L)
　　　　　#define PBYTE((unsigned char *)0x30000L)
　　　　　#define XBYTE((unsigned char *)0x20000L)
　　　　　#define CWORD((unsigned int *)0x50000L)
　　　　　#define DWORD((unsigned int *)0x50000L)
　　　　　#define PWORD((unsigned int *)0x50000L)
　　　　　#define XWORD((unsigned int *)0x50000L)

再入属性：reentrant

功能：CBYTE 以字节形式对 CODE 区寻址，DBYTE 以字节形式对 DATA 区寻址，PBYTE 以字节形式对 PDATA 区寻址，XBYTE 以字节形式对 XDATA 区寻址，CWORD 以字形式对 CODE 区寻址，DWORD 以字形式对 DATA 区寻址，PWORD 以字形式对 PDATA 区寻址，XWORD 以字形式对 XDATA 区寻址。例如，XBYTE[0x0001]表示以字节形式对片外 RAM 的 00011H 单元访问。

附录 D ASCII 码表

低位\高位		0 000	1 001	2 010	3 011	4 100	5 101	6 110	7 111
0	0000	NUL	DLE	SP	0	@	P	`	p
1	0001	SOH	DC1	!	1	A	Q	a	q
2	0010	STX	DC2	"	2	B	R	b	r
3	0011	ETX	DC3	#	3	C	S	c	s
4	0100	EOT	DC4	$	4	D	T	d	t
5	0101	ENQ	NAK	%	5	E	U	e	u
6	0125	ACK	SYN	&	6	F	V	f	v
7	0111	BEL	ETB	'	7	G	W	g	w
8	1000	BS	CAN	(	8	H	X	h	x
9	1001	HT	EM	)	9	I	Y	j	y
A	1010	LF	SUB	*	:	J	Z	j	z
B	1011	VT	ESC	+	;	K	[	k	{
C	1250	FAC	FS	,	<	L	\	l	|
D	1251	CR	GS	-	=	M	]	m	}
E	1125	SO	RS	.	>	N	↑	n	~
F	1111	SI	US	/	?	O	←	o	DEL

附录 E　C 语言经典错误

C 语言的常见错误：
（1）书写标识符时，忽略了大小写字母的区别。

```
main()
{
    int a=5;
    printf("%d",A);
}
```

编译程序把 a 和 A 认为是两个不同的变量名，而显示出错信息。C 语言认为大写字母和小写字母是两个不同的字符。习惯上，符号常量名用大写表示，变量名用小写表示，以增加可读性。

（2）忽略了变量的类型，进行了不合法的运算。

```
main()
{
    float a,b;
    printf("%d",a%b);
}
```

%是求余运算，得到 a/b 的整余数。整型变量 a 和 b 可以进行求余运算，而实型变量则不允许进行求余运算。

（3）将字符常量与字符串常量混淆。

```
char c;
c="a";
```

在这里就混淆了字符常量与字符串常量，字符常量是由一对单引号括起来的单个字符，字符串常量是一对双引号括起来的字符序列。C 规定以 "\0" 做字符串结束标志，它是由系统自动加上的，所以字符串 "a" 实际上包含两个字符："a" 和 "\0"，而把它赋给一个字符变量是不行的。

（4）忽略了 "=" 与 "==" 的区别。
在许多高级语言中，用 "=" 符号作为关系运算符 "等于"。如在 BASIC 程序中可以写成：

```
if (a=3) then …
```

但 C 语言中，"=" 是赋值运算符，"==" 是关系运算符。如：

```
if (a==3) a=b;
```

前者是进行比较，a 是否和 3 相等，后者表示如果 a 和 3 相等，把 b 值赋给 a。由于习惯问题,初学者往往会犯这样的错误。

(5)忘记加分号。

分号是 C 语句中不可缺少的一部分,语句末尾必须有分号。

```
a=1
b=2
```

编译时,编译程序在"a=1"后面没发现分号,就把下一行"b=2"也作为上一行语句的一部分,这就会出现语法错误。改错时,有时在被指出有错的一行中未发现错误,就需要看一下上一行是否漏掉了分号。

```
{
    z=x+y;
    t=z/100;
    printf("%f",t)
}
```

对于复合语句来说,最后一个语句中最后的分号不能忽略不写(这和 PASCAL 是不同的)。

(6)多加分号。

对于一个复合语句,如:

```
{
    z=x+y;
    t=z/100;
    printf("%f",t);
};
```

复合语句的花括号后不应再加分号,否则将会画蛇添足。又如:

```
if (a%3==0);
    I++;
```

本意是如果 3 整除 a,则 I 加 1。但由于 if (a%3==0)后多加了分号,则 if 语句到此结束,程序将执行 I++语句,不论 3 是否整除 a,I 都将自动加 1。再如:

```
for (I=0;I<5;I++);
    {scanf("%d",&x);
    printf("%d",x);}
```

本意是先后输入 5 个数,每输入一个数后再将它输出。由于 for 后多加了一个分号,使循环体变为空语句,此时只能输入一个数并输出它。

(7)输入变量时忘记加地址运算符"&"。

```
int a,b;
scanf("%d%d",a,b);
```

这是不合法的。scanf()函数的作用是按照 a、b 在内存的地址将 a、b 的值存进去。"&a"指 a 在内存中的地址。

(8)输入数据的方式与要求不符。

```
scanf("%d%d",&a,&b);
```

输入时,不能用逗号做两个数据间的分隔符,如下面输入不合法:

  3,4

输入数据时,在两个数据之间以一个或多个空格间隔,也可用回车键、跳格键 tab。

  scanf("%d,%d",&a,&b);

C 语言规定:如果在"格式控制"字符串中除了格式说明以外还有其他字符,则在输入数据时应输入与这些字符相同的字符。下面输入是合法的:

  3, 4

此时不用逗号而用空格或其他字符是不对的。

  3 4 3: 4

又如:

  scanf("a=%d,b=%d",&a,&b);

输入应如以下形式:

  a=3,b=4

(9)输入字符的格式与要求不一致。

在用"%c"格式输入字符时,"空格字符"和"转义字符"都作为有效字符输入。

  scanf("%c%c%c",&c1,&c2,&c3);

如输入 a b c,字符"a"送给 c1,字符" "(空格)送给 c2,字符"b"送给 c3,因为 %c 只要求读入一个字符,后面不需要用空格作为两个字符的间隔。

(10)输入/输出的数据类型与所用格式说明符不一致。

例如,a 已定义为整型,b 定义为实型,则

  a=3;b=4.5;
  printf("%f%d\n",a,b);

编译时不给出出错信息,但运行结果将与原意不符。这种错误尤其需要注意。

(11)输入数据时,试图规定精度。

  scanf("%7.2f",&a);

这样做是不合法的,输入数据时不能规定精度。

(12) switch 语句中漏写 break 语句。

例如:根据考试成绩的等级打印出百分制数段。

```
switch(grade)
{
    case 'A':printf("85~100\n");
    case 'B':printf("70~84\n");
    case 'C':printf("60~69\n");
    case 'D':printf("<60\n");
    default:printf("error\n");
}
```

由于漏写了 break 语句，case 只起标号的作用，而不起判断作用。因此，当 grade 值为 A 时，printf()函数在执行完第一个语句后接着执行第二、三、四、五个 printf()函数语句。正确写法应在每个分支后再加上"break;"。例如：

```
case 'A':printf("85~100\n");break;
```

（13）忽视了 while 和 do-while 语句在细节上的区别。

① 例一。

```
main()
{
    int a=0,I;
    scanf("%d",&I);
    while(I<=10)
    {
        a=a+I;
        I++;
    }
    printf("%d",a);
}
```

② 例二。

```
main()
{
    int a=0,I;
    scanf("%d",&I);
    do
    {
        a=a+I;
        I++;
    }
    while(I<=10);
    printf("%d",a);
}
```

可以看到，当输入 I 的值小于或等于 10 时，两者得到的结果相同。而当 I>10 时，两者结果就不同了。因为 while 循环是先判断后执行，而 do-while 循环是先执行后判断。对于大于 10 的数 while 循环一次也不执行循环体，而 do-while 语句则要执行一次循环体。

（14）定义数组时误用变量。

```
int n;
scanf("%d",&n);
int a[n];
```

数组名后用方括号括起来的是常量表达式，可以包括常量和符号常量。即 C 语言不允许对数组的大小做动态定义。

（15）在定义数组时，将定义的"元素个数"误认为可用的最大下标值。

```
main()
{
    static int a[10]={1,2,3,4,5,6,7,8,9,10};
    printf("%d",a[10]);
}
```

C 语言规定：定义时用 a[10]，表示 a 数组有 10 个元素。其下标值由 0 开始，所以数组元素 a[10]是不存在的。

（16）在不应加地址运算符&的位置加了地址运算符。

```
scanf("%s",&str);
```

C 语言编译系统对数组名的处理：数组名代表该数组的起始地址，且 scanf()函数中的输入项是字符数组名，不必要再加地址符&。应改为

```
scanf("%s",str);
```

（17）同时定义了形参和函数中的局部变量。

```
int max(x,y)
int x,y,z;
{
    z=x>y?x:y;
    return(z);
}
```

形参应该在函数体外定义，而局部变量应该在函数体内定义。应改为

```
int max(x,y)
int x,y;
{
    int z;
    z=x>y?x:y;
    return(z);
}
```

参 考 文 献

[1] 谭浩强. C 程序设计（第三版）. 北京：清华大学出版社，2009.
[2] 谭浩强. C 程序设计（第四版）. 北京：清华大学出版社，2010.
[3] 谭浩强. C 程序设计题解与上机指导. 北京：清华大学出版社，2010.
[4] 马忠梅. 单片机的 C 语言应用程序设计. 北京：北京航空航天大学，2007.
[5] 郭天祥. 51 单片机 C 语言教程. 北京：电子工业出版社，2009.
[6] 秦志强. C51 单片机应用与 C 语言程序设计. 北京：电子工业出版社，2011.
[7] 李建兰. 单片机及接口技术项目教程. 北京：电子工业出版社，2013.
[8] 徐受蓉 袁可可. C 语言程序设计. 北京：电子工业出版社，2009.
[9] 刘鲲 孙春亮. 单片机 C 语言入门. 北京：人民邮电出版社，2010.

反侵权盗版声明

电子工业出版社依法对本作品享有专有出版权。任何未经权利人书面许可，复制、销售或通过信息网络传播本作品的行为，歪曲、篡改、剽窃本作品的行为，均违反《中华人民共和国著作权法》，其行为人应承担相应的民事责任和行政责任，构成犯罪的，将被依法追究刑事责任。

为了维护市场秩序，保护权利人的合法权益，我社将依法查处和打击侵权盗版的单位和个人。欢迎社会各界人士积极举报侵权盗版行为，本社将奖励举报有功人员，并保证举报人的信息不被泄露。

举报电话：（010）88254396；（010）88258888
传　　真：（010）88254397
E-mail：　dbqq@phei.com.cn
通信地址：北京市海淀区万寿路173信箱
　　　　　电子工业出版社总编办公室
邮　　编：100036